"十四五"普通高等教育本科部委级规划教材

U0597446

产教融合教程

虚拟服装设计与展示陈列

成恬恬◎主编 ｜ 张 惠 张继红◎副主编

CHANJIAO RONGHE JIAOCHENG

XUNI FUZHUANG SHEJI YU ZHANSHI CHENLIE

"十四五"普通高等教育本科部委级规划教材

中国纺织出版社有限公司

内 容 提 要

本书为"十四五"普通高等教育本科部委级规划教材。书中运用CLO 3D服装设计软件，将服装设计、结构、色彩、面料通过数字化虚拟缝制进行展示。本书共分为三维数字化技术概述、CLO 3D软件概述、虚拟服装设计与表现、虚拟服装局部设计、虚拟服装及环境渲染等五章，通过衬衫、西装等典型款式案例对板片编辑与缝制、虚拟服装模拟、面辅料参数设置、舞台走秀模拟等基本知识进行讲解，注重理论与实践相结合，使读者系统地掌握虚拟服装设计的基本理论和技能，并能够独立进行虚拟服装创作与设计。

本书可作为高等服装院校服装相关专业的教材，也可供服装企业技术人员及服装爱好者阅读与参考。

图书在版编目（CIP）数据

产教融合教程：虚拟服装设计与展示陈列 / 成恬恬主编；张惠，张继红副主编. -- 北京：中国纺织出版社有限公司，2024. 12. --（"十四五"普通高等教育本科部委级规划教材）. -- ISBN 978-7-5229-2412-0

Ⅰ . TS941. 26

中国国家版本馆 CIP 数据核字第 2025LN4652 号

责任编辑：李春奕　责任校对：高　涵　责任印制：王艳丽

中国纺织出版社有限公司出版发行
地址：北京市朝阳区百子湾东里 A407 号楼　邮政编码：100124
销售电话：010—67004422　传真：010—87155801
http://www.c-textilep.com
中国纺织出版社天猫旗舰店
官方微博 http://weibo.com/2119887771
北京通天印刷有限责任公司印刷　各地新华书店经销
2024 年 12 月第 1 版第 1 次印刷
开本：889×1194　1/16　印张：8
字数：175 千字　定价：69.80 元

江西服装学院
产教融合系列教材编写委员会

总 序
GENERAL PREFACE

当前，新时代浪潮席卷而来，产业转型升级与教育强国目标建设均对我国纺织服装行业人才培育提出了更高的要求。一方面，纺织服装行业正以"科技、时尚、绿色"理念为引领，向高质量发展不断迈进，产业发展处在变轨、转型的重要关口。另一方面，教育正在强化科技创新与新质生产力培育，大力推进"产教融合、科教融汇"，加速教育数字化转型。中共中央、国务院印发的《教育强国建设规划纲要（2024—2035年）》明确提出，要"塑造多元办学、产教融合新形态"，以教育链、产业链、创新链的有机衔接，推动人才供给与产业需求实现精准匹配。面对这样的形势任务，我国纺织服装教育只有将行业的前沿技术、工艺标准与实践经验深度融入教育教学，才能培养出适应时代需求和行业发展的高素质人才。

高校教材在人才培养中发挥着基础性支撑作用，加强教材建设既是提升教育质量的内在要求，也是顺应当前产业发展形势、满足国家和社会对人才需求的战略选择。面对当前的产业发展形势以及教育发展要求，纺织服装教材建设需要紧跟产业技术迭代与前沿应用，将理论教学与工程实践、数字化趋势（如人工智能、智能制造等）进行深度融合，确保学生能及时掌握行业最新技术、工艺标准、市场供求等前沿发展动态。

江西服装学院编写的"产教融合教程"系列教材，基于企业设计、生产、管理、营销的实际案例，强调理论与实践的紧密结合，旨在帮助学生掌握扎实的理论基础，积累丰富的实践经验，形成理论联系实际的应用能力。教材所配套的数字教育资源库，包括了音视频、动画、教学课件、素材库和在线学习平台等，形式多样、内容丰富。并且，数字教育资源库通过多媒体、图表、案例等方式呈现，使学习内容更加直观、生动，有助于改进课程教学模式和学习方式，满足学生多样化的学习需求，提升教师的教学效果和学生的学习效率。

希望本系列教材能成为院校师生与行业、企业之间的桥梁，让更多青年学子在丰富的实践场景中锤炼好技能，并以创新、开放的思维和想象力描绘出自己的职业蓝图。未来，我国纺织服装行业教育需要以产教融合之力，培育更多的优质人才，继续为行业高质量发展谱写新的篇章！

纪晓峰

中国纺织服装教育学会会长

2024年12月

前 言
PREFACE

随着时代的飞速发展和科技的日益进步，数字化已成为人类文明进步的一个重要里程碑，以数字化、智能化等为代表的新一代信息技术为传统服装企业数字化转型升级带来机遇。服装产业已经由传统的生产制造转变为生产智造。大数据、3D虚拟试衣等技术的推广应用，促进了服装产业由大规模标准化生产向着柔性化、个性化定制的转型升级。3D虚拟试衣技术作为一种三维服装CAD技术，已逐渐成为服装企业产品研发中的主流技术，对于服装行业的技术人员而言，这一技术已成为必备技能。

3D虚拟试衣技术是利用计算机技术对服装进行仿真制作的数字化过程，综合考虑服装的样板、面料特性、形体和人体的动作，以及着装时的形态及其变化等，最大限度地展现服装设计在人体静态与动态模式下着装的样衣效果，可以即时、直观地呈现设计师的三维设计效果，并进行板型快速调试。3D虚拟试衣技术具有快速研发出款、上新测款、无须实物样即锁定消费者喜好、更高效地感知和应对市场商机、指导生产、降低库存率等特性，从而使服装产品研发发生历史性变革。

本教材运用CLO 3D服装设计软件，将服装设计、结构、色彩、面料通过数字化虚拟缝制进行展示。主要内容包括三维数字化技术的基本概念、构成及常见的虚拟服装软件，CLO 3D系统入门，2D、3D工作窗口工具，面辅料属性编辑等基础知识。通过七个具体的实例详细讲解三维服装设计过程中的关键技术与技巧，具有很强的实用性，实例由浅入深，使读者系统地掌握虚拟服装设计的基本理论和技能，并能够独立进行虚拟服装创作与设计。

由于编写水平有限，教材中若有不妥或疏漏之处，当以虔诚之心听取同行专家和广大读者们的指正。

本教材主要编写者为江西服装学院服装工程学院成恬恬、张惠、张继红。其中第一章由张继红编写，第二章、第五章由成恬恬编写，第三章由成恬恬、张惠编写，第四章由张惠编写。全书由成恬恬、张惠、张继红统稿。感谢参与本教材材料收集、图片素材制作的花俊苹、朱芳、邓蓉等。同时感谢深圳市格林兄弟科技有限公司曹迪辉所提供的支持。

编　者

2024年10月

教学内容及课时安排

章（课时）	课程性质（课时）	节	课程内容
第一章 （2课时）	基础理论与训练 （10课时）	●	**三维数字化技术概述**
		一	服装三维数字化技术
		二	三维人体扫描技术
		三	虚拟服装设计软件概述
第二章 （8课时）		●	**CLO 3D软件概述**
		一	软件界面与菜单常用功能简介
		二	虚拟模特建模
		三	纸样导入与板片绘制
		四	面料处理
第三章 （26课时）	理论应用与实践 （38课时）	●	**虚拟服装设计与表现**
		一	上装设计与表现
		二	裙装设计与表现
		三	裤装设计与表现
		四	外套设计与表现
第四章 （8课时）		●	**虚拟服装局部设计**
		一	领子设计
		二	袖子设计
第五章 （4课时）		●	**虚拟服装及环境渲染**
		一	渲染场景搭建
		二	动态展示

注 各院校可根据自身的教学特点和教学计划对课程时数进行调整。

目 录
CONTENTS

第一章
三维数字化技术概述

产教融合教程：虚拟服装设计与展示陈列

课题内容：

1. 服装三维数字化技术

2. 三维人体扫描技术

3. 虚拟服装设计软件概述

课题时间： 2课时

教学目标：

1. 了解服装三维数字化技术的概念、构成

2. 熟悉常用的三维人体扫描器的特点、优缺点及适用性

3. 了解虚拟试衣软件

教学重点： 三维人体扫描介绍，虚拟服装设计软件概述

教学方法： 线上线下混合教学

教学资源： 视频

当今社会已进入到高度信息化时代，以计算机为代表的智能化工具已经作为新的生产力在造福社会，而数字化技术是实现信息化的关键技术手段之一，它是数字计算机、多媒体技术、软件技术、智能技术和信息社会的技术基础。服装企业要想在日趋激烈的市场竞争中站稳脚跟，除了重视品牌塑造等传统手段外，还需要提升企业的产品设计和研发能力。随着时尚信息和服装专业知识越来越容易获取，消费者对服装款式、服装合体性和舒适性的要求越来越高。如何提高产品设计和研发的效率，如何使产品更加符合消费者的体型，如何节省产品研发的成本，这些都是服装企业最关心的问题，服装数字化技术恰恰为服装企业解决这些问题提供了技术支持，将服装数字化技术有效地融入产品研发中，能使服装企业在市场竞争中占领优势。

第一节　服装三维数字化技术

一　服装三维数字化技术的概念

数字化技术是通过计算机技术，将各类信息（包括文字、图形、色彩等）以数字形式存储于计算机中，并进行处理与运算，然后以不同形式再次显示出来，或用数字形式发送给执行机构。

服装数字化技术可以简单地分为二维服装数字化技术和三维服装数字化技术。二维服装数字化技术主要包括传统的服装CAD（Computer Aided Design）、计算机辅助设计技术中的服装样板设计、推板和排料等模块。三维服装数字化技术是指在三维平台上实现人体测量、人体建模、服装设计、裁剪缝合及服装虚拟展示销售等方面的技术，其目的在于不需要制作实际的服装，而是由三维数字化完成人体着装效果的模拟，同时能得到服装平面纸样的准确信息。

二　服装三维数字化技术的构成

服装三维数字化技术主要由三维数字化人体、三维数字化设计、三维数字化缝制和三维数字化T台秀等构成。

（一）三维数字化人体

三维数字化人体是三维服装数字化技术的基础，有了数字化人体后，才可以在人体模型上实现服装设计、试衣等其他虚拟化工作。目前，建立三维数字化人体的方法主要有三种，分别是几何人体建模、三维扫描数据人体建模和三维软件人体建模。

几何人体建模，是根据人体恒定的结构特征和外形特征，定义与之对应的三维人体造型特征。该方法出现的时间较早，是CAD/CAM技术发展阶段的重要技术支撑，此方法以几何信息和拓扑信息反映三维人体的具体结构等数据，是虚拟三维服装展示技术初期的重要技术手段。通过差值或变形样本人体模型，可以得到符合个性特征的人体模型，并且可以实现参数化。

三维扫描数据人体建模，是借助三维人体扫描技术，获得人体点云数据，然后重建为三维数字人体模型。它将人体的三维结构信息转换为计算机能直接处理的数字信号，为人体数据的三维虚拟模拟提供了方便、快捷的手段，如图1-1-1所示为工作人员使用三维人体扫描技术获取人体数据，进行三维数据人体建模。此建模方法比较昂贵，人体结构复杂时运行速度较慢，而且人体的腋下、脚部等扫描不到的部位会存在缺陷与空洞，需要进行一定的后处理工作，如图1-1-2所示为经后期处理得到的人体模型。

图1-1-1 三维数据人体建模

三维软件人体建模，是利用三维建模软件如Poser、3DS Max、Maya等，交互构建虚拟人体模型。该建模方法操作简单，容易上手，建模功能强大，在建立人体模型方面具有很大的优势。图1-1-3为3DS Max三维人体建模。三维软件建模的优势是建模的时间短，所建模型数据灵活，易于改动，展示手段比较人性化，具有感染力。

此外，2020年，在Facebook和南加利福尼亚大学的研究人员联名发表的一篇论文中，提出了一种全新算法"PIFuHD"（多级像素对齐隐式函

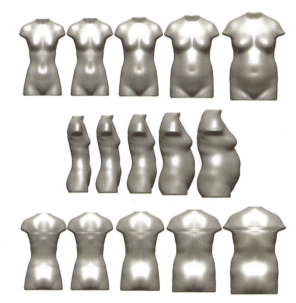

图1-1-2 经后期处理的人体模型

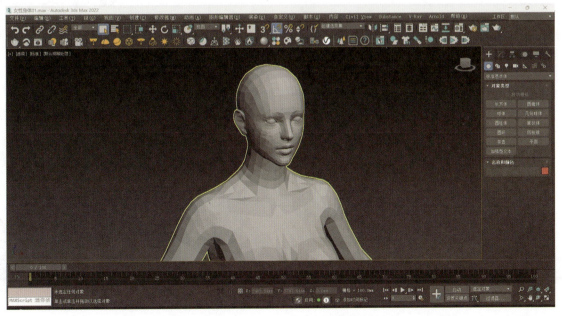

图1-1-3 3DS Max三维人体建模

数），该算法可以使用2D图像来重构人体及其衣服的超高清3D模型。目前，这一技术已经在GitHub上开放了源代码，研究团队还在Google Colab上提供了在线试玩，图1-1-4为网友上传自己或任意人的照片而得到的3D人体模型。

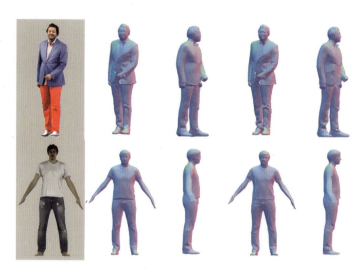

图1-1-4　照片3D人体建模

（二）三维数字化设计

在三维数字化人体上，设计师可以直接进行服装款式设计与修改，最后直接生成二维纸样。不过，目前的技术只能够实现简单款式的设计，或对已有的设计进行简单修改，但三维技术的真实空间感和二维纸样的实时转换已能够对设计师提供很大的帮助，如通过旋转不同的视角查看三维款式的效果，帮助设计师判断设计线的位置、长度等是否合适，也可以在已有的三维服装上，快速进行图案、面料、辅料、色彩、分割线、款式等的修改和变化，从而达到快速进行三维设计和款式创作的目的。

（三）三维数字化缝制

三维数字化缝制技术可以将二维服装纸样导入软件后，再将各个板片进行缝合，并展示出实际缝合后的三维效果，以帮助设计师和样板师对服装进行评价。这种技术是目前三维服装CAD系统中的主要模块，也是服装企业应用最广泛的三维数字化技术。如图1-1-5、图1-1-6所示，导入的二维板片在2D视窗展示，从3D视窗中则可以清楚地看到板片之间的缝合关系，也能看到缝制后的三维效果。

三维数字化缝制　　　　导入的二维板片

图1-1-5　CLO 3D软件数字化缝制

（四）三维数字化T台秀

三维数字化缝制好的服装可以进行动态展示，通过三维虚拟模特的T台走秀，实现三维虚拟服装的动态展示。三维数字化T台秀的实现需要复杂的计算机技术，包括虚拟模特的行走、多层服装及服装与人体之间的碰撞检测等。图1-1-7为CLO 3D中渲染的T台秀制作图示，图1-1-8为录制完成

缝制后的三维效果　　　　导入的二维板片

图1-1-6　CLO 3D软件2D与3D视窗展示效果

图1-1-7 CLO 3D中渲染的T台秀制作过程

图1-1-8 虚拟走秀舞台效果截图

的虚拟走秀舞台效果截图（图片均为江西服装学院学生的毕业设计作品）。

第二节 三维人体扫描技术

人体模型是通过三维人体扫描技术获得人体点云数据，经后期计算处理后重建而得到的精细模型。因此，三维人体扫描技术是三维人体模型建立的基础，也是服装三维数字技术中的关键技术。

三维人体扫描技术分为接触式（contact）与非接触式（non-contact）两种，后者又可分为主动扫描（active）与被动扫描（passive），这些分类下又细分出众多不同的技术方法。本书主要介绍运用较为广泛的三维红外线扫描技术、三维激光扫描技术、手持式三维人体扫描技术，以上均属于非接触式扫描技术。

一 三维红外线扫描技术

三维红外线扫描技术运用红外线光学三角测量技术，通过对人体前后左右各个方向同时扫描，保证360°三维人体数据的获取。Ditus是一款典型的三维红外线人体扫描仪，配备了12组深度传感器，能够在约1秒钟的时间内迅速完成人体的三维扫描，准确生成三维人体图像，建立三维人体模型。图1-2-1所示为Ditus三维人体扫描仪。

由于采用的是红外深度传感器技术，测量过程中，自然光线对测量精度没有太多影响。因此测量时室内不需要是完全黑暗的环境，这样有利于减少被测者在黑暗环境中的紧张情绪，保证正常的测量姿势。

图1-2-1 Ditus三维人体扫描仪

二 \ 三维激光扫描技术

三维激光扫描技术利用激光束与人体表面的反射进行测量，可以快速、精确地捕捉到人体表面各个点的坐标数据，快速复建出人体三维点云模型，是一种精确的无接触人体测量技术。如图1-2-2（a）所示，为Anthroscan Bodyscan彩色三维人体扫描仪，由4根测量立柱组成，每个立柱的导轨上，都安装有一个激光投射器和2台CCD摄像头组成的测量感应系统，从被测量者的前左、前右、后左、后右四个方向同步扫描，扫描完成后，系统软件会自动进行3D人体模型的重建以及色彩纹理处理，时间只需要大约1分钟。如图1-2-2（b）所示，为Anthroscan Bodyscan扫描后得到的三维人体模型，该人体模型可以应用到后续的各种工作中，如尺寸计算、3D打印、3D动画、3D试衣等各个方面。

Anthroscan Bodyscan三维激光仪是目前最精确的三维扫描仪之一，适合应用在众多的科研并发领域，如体型测量、人体工学、运动生物力学、体育健身科研、生命科学、服装设计和虚拟仿真、影视动画和3D打印等。

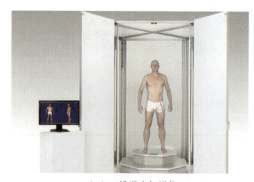

（a）三维激光扫描仪

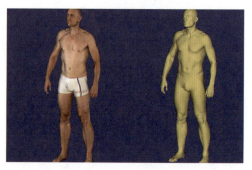

（b）通过三维激光扫描仪得到的人体结果

图1-2-2 Anthroscan Bodyscan三维激光扫描仪

三 \ 手持式三维人体扫描技术

手持式三维人体扫描技术是以非接触式激光、照相、白光等方式为主，扫描人体获得人体表面的点云数据，合成人体的三维模型。

AlphaH是一款小巧便携的三维人体扫描仪，如图1-2-3（a）所示，AlphaH手持式三维人体扫描仪的重量只有700多克，高20cm，可以轻松拿在手上进行扫描操作，特别适合应对移动性和便携性要求高的场合，如在服装门店中使用，或上门为定制服装的顾客量体、为运动员进行现场体型测量等。采用红外线和散斑双光源三维成像技术，既能够快速地扫描人体三维成像，又能够采集头发等细节，最高能够达到0.05mm的扫描精度。如图1-2-3（b）所示，AlphaH的扫描操作非常简便，一键即可完成从人体扫描到尺寸的计算，再到报告生成的整个流程，且过程中有语音提示和屏幕实时预览，自动生成人体数据与分析报告和二维码。

（a）手持式三维人体扫描仪

（b）报告生成

图1-2-3 AlphaH手持式三维人体扫描仪

AlphaH系统采用了独特算法的建模方法，能够轻松应对扫描过程中的身体晃动，实时高速精确拼接，测量得到的数据可以实时存储在云端，提供多种数据接口，可以与客户自己的各种APP、微信、小程序、网上商城、下单系统等系统对接。

第三节　虚拟服装设计软件概述

随着计算机科学技术的发展，许多行业开始新一轮的数字化变革。虚拟服装设计是近年来新兴的设计模式，目前较成熟的虚拟服装设计工具有新加坡Browzwear公司的VStitcher、德国Human Solution公司开发的Vidya、韩国CLO Virtual Fashion公司的CLO 3D以及中国凌迪公司的Style3D等。除此之外，常见的3DS Max和Maya也可以对服装进行三维建模。

一、VStitcher

VStitcher是一款针对服装垂直领域的三维设计软件，也是业界领先的三维虚拟原型制作工具。如图1-3-1所示，为VStitcher软件用户界面。VStitcher兼容了目前主流的2D打板设计软件，只要是DXF文件，即可导入其中进行3D建模，内置完善的3D人台模型库，包括男、女、童、婴儿、孕妇等，可以根据需要设计，调整人台的100多个部位尺寸，定制专属人台，进行服装的量身定做，更有20多种不同的姿势可供挑选，也可以直接导入扫描好的人台。VStitcher主要的优势在于真实的模拟渲染效果。此外，VStitcher与国际多家知名软件公司和辅料公司合作，如Adobe、Archroma、Substance YKK等，将其在线资源等整合到软件中，因此，使用VStitcher的用户在服装创作时，可以直接从Archroma的在线颜色库、Substance YKK素材库选择合适的颜色或素材，拖放到自己的3D服装样板上。

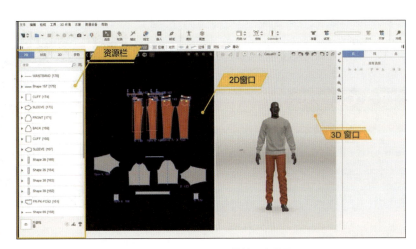

图1-3-1　VStitcher软件用户界面

二、Vidya

Vidya是一套结合了服装CAD纸样、数字化人台模型、面料材质力学、三维视觉渲染等技术的三维仿真系统，为服装的设计、开发和决策展示了数字化的三维解决方案，能够显著节省样衣的开发时间和成本，提高服装尺码的穿着合体度，便于与客户以及企业内部沟通，更便于网上销售。Vidya包含了强大的

CAD打板功能，打板师使用Vidya能够非常方便地开发新款纸样，如图1-3-2所示，在3D模特上修改款式板片会实时同步到2D板片，对2D板片进行任何修改，在3D模特上也会同步显示款式的变化。

Vidya中可以输出设计工艺单，便于向企业下单生产，如图1-3-3所示。

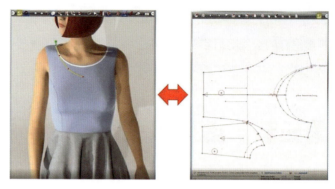

图1-3-2　2D板片与3D模特同步

三＼Style3D

Style3D是我国本土科技公司研发的数字化服务平台，创始人是拥有二十多年服装行业从业经验的专业人士。Style3D软件的优势是可以连接面料供应商、设计部和各种客户，一条龙式地将面料数字化、生产数字化、营销数字化等3D设计工具与协同平台结合起来，非常有利于服装企业供采和设计环节的流程对接，既实现以需定产，又实现柔性快返。如图1-3-4所示为Style3D用户界面，图1-3-5所示为Style3D素材库。

图1-3-3　Vidya输出设计工艺单

四＼CLO 3D

CLO 3D是韩国CLO Virtual Fashion公司研发的一款模拟服装缝纫工艺，将2D板片转化为3D虚拟服装的服装设计和制版软件。CLO 3D的一大特点就是可以流畅地完成3D打板和2D打板之间的转换。设计师和打板师既可以导入已有的DXF文件对其进行修改，也可以直接在CLO 3D中从零起草新的平面板型，还可以在虚拟模特上完成立体裁剪，而3D和2D的同步呈现也使得整个过程更为高效。CLO 3D的特点是无限设计，实时呈现更加精准的属性以及更加简便的流程。如

图1-3-4　Style3D用户界面

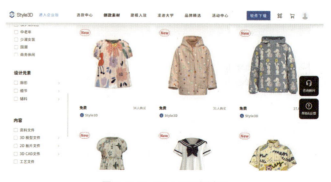

图1-3-5　Style3D素材库

图1-3-6所示，选用一件普通的T恤，改动板型后呈现不同的成衣效果。CLO 3D的动画是强项，但该软件注重的是外观的设计与参考，对于服装板型以及工业生产目前相对薄弱。

图1-3-6 使用CLO 3D改板

小结

　　本章介绍了服装三维数字化技术的基本概念和构成、三维人体扫描技术、四种常用的虚拟服装软件及其特点。三维人体扫描技术是三维人体模型建立的基础，因此，读者需简单了解三维人体扫描技术，熟悉常用虚拟服装软件的种类及其特点，重点掌握CLO 3D软件的特点，在实际服装虚拟设计实践过程中充分发挥软件的特点，制作出优秀的作品。

思考题

1. 简述服装三维数字化技术的构成。
2. 简述三维红外线人体扫描技术和三维激光人体扫描技术的区别。
3. 简述CLO 3D软件的主要特点。

第二章
CLO 3D 软件概述

产教融合教程：虚拟服装设计与展示陈列

课题内容：

1. 软件界面与菜单常用功能简介

2. 虚拟模特建模

3. 纸样导入与板片绘制

4. 面料处理

课题时间： 8课时

教学目标：

1. 熟悉CLO 3D软件模式与界面

2. 掌握虚拟模特建模方法

3. 熟练掌握虚拟模特建模、纸样导入与面料处理

教学重点： CLO 3D软件工具功能，虚拟模特建模、纸样导入与面料处理

教学方法： 线上线下混合教学

教学资源： 视频

CLO软件包含Marvelous Designer（MD）和CLO 3D两个版本。MD主要用于动漫、游戏及影视领域，是致力于更高效地创建动画人物穿着逼真效果的三维虚拟服装软件。CLO 3D主要用于服装领域，目前世界上很多公司和高校都在使用。

经过多年的发展，CLO 3D软件不断完善。本书中的工具和案例是以CLO 3D 6.1版本的软件为支撑平台。

第一节　软件界面与菜单常用功能简介

一 CLO 3D 6.1软件界面

图2-1-1所示为CLO 3D 6.1版本软件的界面，包含菜单栏、图库窗口、历史记录窗口、模块库窗口、物体窗口、属性编辑器窗口、2D板型窗口和3D服装窗口。

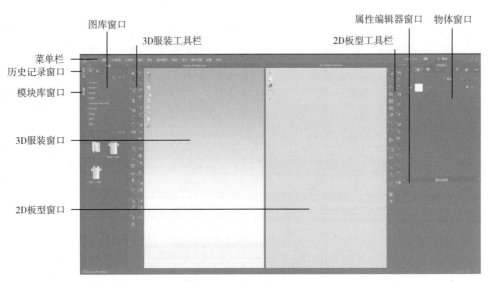

图2-1-1　CLO 3D 6.1版本软件的界面

二 CLO 3D 6.1软件菜单常用功能

（一）菜单栏

菜单栏是放置菜单命令的地方，主要包括以下12个菜单，单击每个菜单时，会弹出一个下拉式列表，显示该菜单里所包含的功能的详细命令。

【文件】菜单，主要用于创建/保存、导入/导出、渲染导出、退出等操作。

【编辑】菜单，主要用于在虚拟成衣制作过程中撤销/恢复、删除、复制/粘贴、全选/方向选择等操作。

【3D服装】菜单，包含了针对3D服装操作的相关工具。

【2D板片】菜单，包含了针对2D板片的相关操作工具。

【缝纫】菜单，是2D板片窗口缝纫工具列表。

【素材】菜单，是2D板片窗口/3D窗口素材工具列表。

【3D服装】菜单、【2D板片】菜单、【缝纫】菜单、【素材】菜单等具体操作方法通过第三章案例进行讲解。

【虚拟模特】菜单，主要是针对虚拟试衣过程中模特的设定与调整。如删除虚拟模特、删除场景/道具、编辑虚拟模特尺寸等。

【渲染】菜单，主要目的是使得虚拟款式更为逼真，该菜单下面提供了各种渲染命令选项，用于优化3D窗口的模拟效果。

【显示】菜单中的命令，主要是用来调整视觉、服装、板片、虚拟模特以及环境等的显示。

【偏好设置】菜单，主要是用于设置一些个性化的使用偏好设置，如调整3D网格坐标、亮度，调整3D/2D操作区的属性等。

【设置】菜单，可以对软件中用户使用习惯进行设置。

【手册】菜单，可以为用户提供帮助，包括在线教学、常见问题解答、新功能介绍等。

图2-1-2　图库窗口

（二）图库窗口（Library）

图库窗口可以方便地管理和打开程序中的文件。将经常使用的文件夹添加到图库方便轻松打开文件，将文件从注册的文件夹拖放到3D窗口，或使用鼠标左键双击该文件即可执行。如图2-1-2所示为图库窗口所包含的系统默认文件类型，可以根据个人需求添加文件夹类型。

图库窗口中各操作按钮的作用说明如表2-1-1所示。

表2-1-1　图库窗口各操作按钮及功能说明

图示	名称	说明
	下载	选择性地从文件夹中下载带有"N"符号的文件
	增加文件	在图库窗口增加新的文件夹
	初始化	重置图库窗口中的注册文件夹
	搜索	方便快捷地查找用户需要的文件
	排序标准	对列表中的文件按照名称、修改日期、尺寸等需要进行排序
	刷新	应用图库窗口中所做的任何更改，如删除或添加文件夹
/	图示/目录	按用户自定义选择文件排列方式

（三）历史记录窗口（History）

历史记录窗口在服装作业过程中用来记录3D服装状态，从而进行设计方案的比较和确认。如图2-1-3所示，在3D服装记录项目上点击鼠标右键，弹出菜单，选择【删除】可以删除项目，选择【重命名】可以修改项目名称。

图2-1-3 历史记录

（四）模块库窗口（Modular Configurator）

模块库窗口可以提供板片模块生成自己设计的3D服装。

如图2-1-4所示，在素材库上选择所需服装类别文件夹，打开所需的文件夹，出现服装的各个模块，然后选择所需的模块，在出现的模块组件中选择所需的组件，在3D视窗界面，可以看到3D服装随着模块组件的不同而发生相应的变化，最后返回对3D服装进行局部修改。

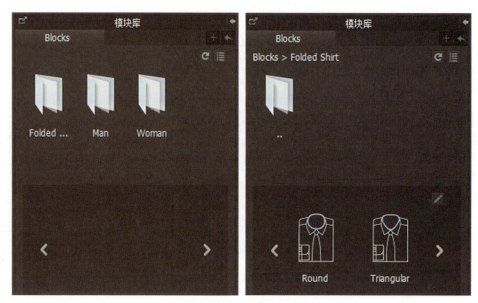

图2-1-4 模块库

（五）物体窗口（Object Browser）

物体窗口可以查看与编辑3D及2D窗口中场景、织物、纽扣、扣眼、明线及缝纫褶皱等素材。可以通过单击【主菜单】→【显示】→【窗口】→【物体窗口】，选择是否显示物体窗口，物体窗口中各选项的说明如表2-1-2所示。

表2-1-2 物体窗口各选项及诠释说明

图示	名称	诠释
	场景	【场景】选项卡是查找或选择对象的最快和最简化的工具 能够快速地查看2D及3D窗口中的所有对象及其结构 列表按照创建顺序进行排列，当点击上方的名字时，将按照A至Z（1至10）的顺序进行排列，再次点击名字后，列表将按照Z至A（10至1）的顺序进行排列
	织物	【织物】选项卡显示了织物列表 用户可以选择、添加、复制及重设织物 点击并拖动可以按照需要重新排列织物类型

图示	名称	诠释
⊕	纽扣	【纽扣】选项卡显示了纽扣列表 用户可以选择、添加及复制纽扣
━	扣眼	【扣眼】选项卡显示了扣眼列表 用户可以选择、添加及复制扣眼
╱	明线	【明线】选项卡显示了明线列表 用户可以选择、添加及复制明线
⌇	缝纫褶皱	【缝纫褶皱】选项卡显示了缝纫褶皱列表 用户可以选择、添加及复制缝纫褶皱
⬛	放码	【放码】选项卡显示了放码列表 用户可以选择、添加不同规格服装，并查看匹配虚拟模特情况
▦	测量点	【测量点】选项卡显示了测量点列表 用户可以选择、添加测量点

（六）属性编辑器窗口（Property Editor）

属性编辑器窗口可以编辑被选择对象的相关属性，如编辑板片、内部图形、缝纫线、面料、纽扣、虚拟模特等的属性。

（七）2D 板型窗口（2D Pattern Window）

2D 板型窗口是二维空间，可以制作板片，也可以设置并编辑缝合线。2D 板型窗口可以通过点击【主菜单】→【显示】→【窗口】→【2D 板型窗口】进行显示隐藏。

扫一扫看操作视频

在 2D 板型窗口左上侧设有 2D 板型窗口显示图示，可以方便快捷地对 2D 板型进行修改。主要选项卡包括 2D 缝纫（ ⬚ ）、2D 板片（ ⬚ ）、2D 信息（ ⓘ ）、2D 板片渲染类型等。

2D 板型窗口中包含了 2D 板型工具栏窗口，该工具栏分为板片工具栏、褶裥工具栏、测量点工具栏、层次工具栏、板片标注工具栏、缝纫工具栏、缝合胶带工具栏、归拔工具栏、明线工具栏、缝纫褶皱工具栏、纹理/图形工具栏、放码工具栏以及比较板片长度工具栏等十三个部分。

（八）3D 服装窗口（Default_Modelist.zprj）

3D 服装窗口是 3D 界面，可以在其中模拟服装并移动虚拟模特以创建动画，同时支持高质量渲染。3D 服装窗口可以通过点击【主菜单】→【显示】→【视窗】→【3D 服装窗口】进行显示隐藏。高质量渲染可以通过点击【主菜单】→【渲染】→

扫一扫看操作视频

【高质量渲染（3D 窗口）】→【找到 3D 窗口中的图示】→【高质量渲染（3D 窗口）】（ ⬚ ）。

在 3D 服装窗口左上侧设有 3D 窗口显示图示，可以方便快捷地对 3D 服装进行修改。主要选项卡包括 3D 服装显示/隐藏（ ⬚ ）、显示 3D 附件（ ⬚ ）、虚拟模特显示/隐藏（ ⬚ ）、3D 服装渲染设置、服装试穿图、模特渲染设置等。

3D 服装窗口中包含了模拟工具栏、服装质量工具栏、选择工具栏、编辑工具栏、假缝工具栏、安排工具栏、缝纫工具栏、动作工具栏、虚拟模特测量工具栏、纹理/图形工具栏、熨烫工具栏、纽扣工具栏、拉链工具栏、嵌条工具栏、贴边工具栏、3D笔（服装）工具栏、3D（虚拟模特）工具栏以及服装测量工具栏等十八个部分。

第二节　虚拟模特建模

一　虚拟模特类型与参数调整

（一）虚拟模特的类型

在图库窗口中，双击【Avatar】文件夹，在窗口下方会打开相应的按性别分类的虚拟模特文件夹，选择所需性别的模特，双击打开文件夹，如图2-2-1所示，文件夹中包括模特的类型（Avatar modular）、发型（Hair）、鞋子（Shoes）、姿势（Pose）、动作（Motion）等。

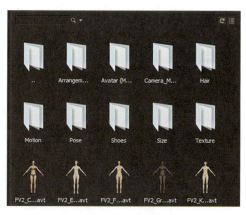

图2-2-1　Avatar窗口

（二）虚拟模特尺寸调整

在虚拟模特属性编辑器中对虚拟模特进行尺寸调整，打开途径为：【主菜单栏】→【虚拟模特】→【虚拟模特编辑器】，打开【虚拟模特编辑器】对话框，如图2-2-2所示。

虚拟模特编辑器中分为【全身】和【细节】两个部分。

【全身】部分中，可以调整虚拟模特的高度和宽度尺寸。高度包括【全部身高】、【HPS高度】和【浪高】，【全部高度】是指身高，【HPS高度】是指不包括头部的高度，【浪高】是指会阴点高。宽度包括【胸围周长】和【下胸围】两个尺寸。

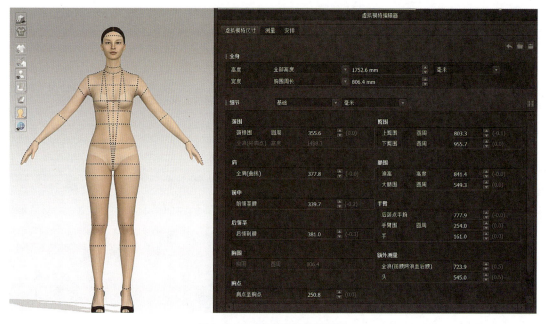

图2-2-2　虚拟模特编辑器界面

【细节】部分中包含三个模式，分别为【基础】、【高级（人体）】、【高级（人体模型）】。一般在【基础】中进行调整即可，如果这个数据来源于模特的话，选择【高级（人体）】进行调整，如果数据来源于人台，就选择【高级（人体模型）】进行调整。

注意：在调整模特尺寸时，需要先调整【全身】，再调整【细节】。如果先对【细节】进行调整，之后再调整【全身】，那么【细节】尺寸也会随着【全身】尺寸的变化而发生改变。

当数据变更后，单击【保存】（▣），在弹出的保存对话框中输入文件名字，单击【OK】保存为AVS文件。

单击【打开】，打开已经保存好的虚拟模特文件（*.avs），就可以调用之前设定好的虚拟模特数据。

（三）虚拟模特外观修改

使用鼠标左键单击虚拟模特，在【属性编辑器】中可以看到虚拟模特的【身体样式】【皮肤类型】，单击右边的【样式配置】（▣），打开【样式配置】对话框，可以对【头发】【皮肤】【内衣】【眉毛】以及【嘴唇】这几个选项进行修改，如图2-2-3所示。

选中整个模特，可以在【材质（选择的）】中将这个模特的皮肤纹理删掉，变成白膜的状态，也可以通过更改材质类型对模特外形进行修改，如图2-2-4所示，左侧是白膜状态，右侧是将材质修改为【金属】后的效果。

此外，可以对模特面部进行化妆，选中虚拟模特脸部，在【属性编辑器】中单击纹理右侧的（▦）图示，打开纹理所在位置。使用Photoshop打开脸部纹理图，使用笔刷工具绘制需要的唇形、眉毛、腮红等，完成之后保存为JPG格式，回到CLO中将面部纹理进行更换即可。

（四）虚拟模特姿势修改

CLO系统中提供了模特的几种不同姿势，可以在相对应的模特窗口中双击【Pose】文件夹打开预设姿势，双击需要的模特姿势进行应用。

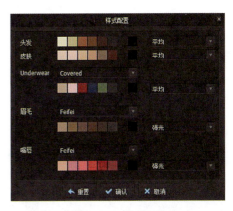

图2-2-3　样式配置

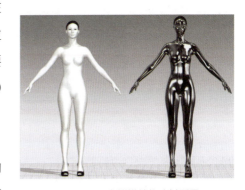

图2-2-4　虚拟模特修改材质图

此外，还可以利用虚拟模特的关节部位来更改虚拟模特的姿势，并将自己设计的姿势保存为文件（*.pos），方便以后调用。

设计修改虚拟模特姿势步骤为：

（1）主菜单中选择【显示】→【虚拟模特】→【显示X-Ray结合处】，或者通过3D窗口左上角的快捷工具按钮，如图2-2-5左图所示，打开【X-Ray结合处】，此时模特呈现透明色，在右上角【IK】对话框中单击图示（▣）打开关节点，如图2-2-5右图所示，身上会出现很多绿色的关节点。

【IK】是指模特的关节点可以有机地连接在一起，当修改其中一个关节的时候，关节会自然进行移动，从而能够更简单地修改模特姿势。

（2）左键单击某一个关节点，关节点上会出现定位球，通过旋转等操作，可以对模特的姿势进行修改，如图2-2-6左图所示；打开定位球右上方的对称按钮（🔲），调整姿势时，左右两侧会呈现对称修改。

在打开【编辑全部关节】（🧍）的前提下，对某个关节进行移动调整，整个身体关节会随着一起移动，防止人体关节出现变形，如图2-2-6右图所示；打开【编辑选择关节】（🧍），对某个关节进行移动调整时，与这个关节连接的关节会随之移动，而整个身体其他关节不会随着一起移动。

（3）选中手部关节，打开【制约关节点移动】（🔲），当移动肘部关节点时，手部的关节点被制约，从而防止在移动过程中出现比较严重的变形问题。

打开【制约关节点旋转】（🔲），当旋转肩部等关节点时，手部的姿势会一直保持之前状态。

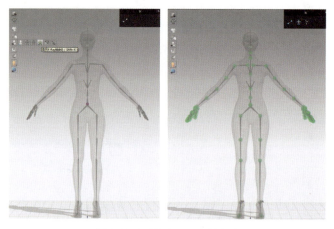

图2-2-5　显示X-Ray结合处

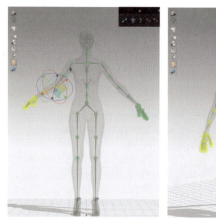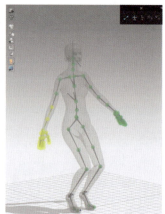

图2-2-6　通过坐标轴修改姿势

（4）手部调整。关闭关节点（🔲），单独调整手部，通过旋转移动定位球进行手指的微调。

注意：在进行姿势调整时，只需要轻微地移动关节点，而不要去移动骨骼，防止人体出现不合理的变形。在调整过程中，可以随时切换到皮肤状态查看模特的整体效果。

二　三维扫描模特导入

三维人体扫描是用于扫描人体表面、精确构建三维人体模型并快速获取人体各项数据的技术。三维人体扫描硬件设备能够在人体裸态或穿着贴身内衣的情况下，几秒钟内快速精确构建出三维人体模型，可通过相关软件便捷测量人体模型高度、围度、截面等数据并导出OBJ格式的人体模型。如图2-2-7所示为使用德国Human Solution DDS3D三维人体扫描仪扫描构建的人体模型以及导出人体OBJ

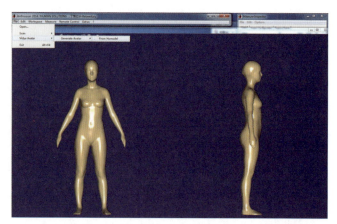

图2-2-7　德国Human Solution DDS3D三维人体扫描仪
导出人体模型

模型的操作界面。

使用三维人体扫描仪导出的 OBJ 格式人体模型可以被导入到 CLO 3D 系统中使用。在 CLO 系统主菜单栏中，选择【文件】→【导入】→【OBJ】，将虚拟模特以 OBJ 格式导入，如果之前界面存在虚拟模特，这时 OBJ 格式的虚拟模特会替换原先的模特。OBJ 格式的虚拟模特没有设置关节点，所以在服装试穿过程中无法打开安排点工具，需要手动拖拽来安排板片位置。

此外，三维扫描器获得的 OBJ 格式模特也可以通过 3DMAX 等软件进行骨骼绑定处理，增加虚拟模特的关节点，再次导入 CLO 系统中时，可以使用安排点工具以及对模特姿势进行调整。

第三节　纸样导入与板片绘制

在 CLO 系统中，纸样可以通过导入服装 CAD 软件绘制的 DXF 格式文件或者直接在系统中绘制两种方法生成。

一 \ 服装CAD纸样导入

在服装 CAD 软件中，将生成的纸样导出为 DXF 格式文件，这里以富怡 CAD 为例进行讲解，如图 2-3-1 所示，在富怡 CAD 软件中，选择【文件】→【输出 ASTM 文件】，纸样将保存为 DXF 格式文件。

在 CLO 系统中，选择【文件】→【导入】→【DXF（AAMA/ASTM）】，打开绘制好的纸样，如图 2-3-2 所示，在【导入 DXF】对话框中，根据需要选择【基本】和【选项】中的项目，加载类型为【打开】时，只打开 DXF 格式的纸样，会覆盖窗口中原有的纸样；加载类型为【增加】时，会在原有纸样的基础上导入新的纸样。

图2-3-1　输出DXF格式文件

二 \ CLO系统绘制板片

服装板片也可以通过 2D 工具栏中的【板片工具栏】中的【多边形】【内部多边形/线】【延展板片】等工具进行创建，此处不再详述。

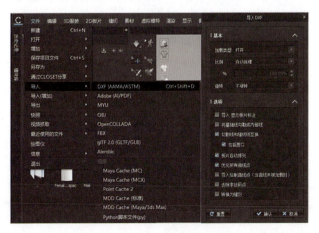

图2-3-2　导入DXF格式纸样文件

第四节　面料处理

一　织物图概念简介

通过织物属性设置，可以更为真实地表现虚拟效果。通过【物体窗口】→【织物】选项卡进行访问。选择一块织物，在【属性编辑器】中就会出现该织物属性，包括信息、材质、物理属性。

（一）信息

在织物信息栏中，可以输入织物基本信息，包括信息、名称、产品编号、分类、供应商/所有者。用户可以在图库窗口中预览相关织物信息。

（二）材质

材质中包括了【Texture Mapping】和【类型】两部分。【Texture Mapping】是指纹理贴图，可以设置为重复或者统一两种模式；通过【类型】可以设置不同的织物纹理，如表2-4-1所示为系统中预设的织物类型。

表2-4-1　织物类型描述

类型	描述
Fabric_Matte（普通）	自动调整为表现普通织物的反射类型
Fabric_Shiny（闪亮）	自动调整为表现闪亮织物的反射类型
Fabric_Silk/Satin（丝/缎）	自动调整为表现丝/缎织物的反射类型
Fabric_Velvet（丝绒）	自动调整为表现丝绒织物的反射类型
Fur（Render Only）（毛发）	表现逼真的毛发效果，仅在渲染时表现
Gem（Render Only）（钻石）	表现钻石效果，仅在渲染时表现
Glass（玻璃）	自动调整为表现玻璃材质的反射类型
Glitter（Render Only）（闪粉）	表现带闪粉的服装效果，仅在渲染时表现
Light（Render Only）（灯光）	将服装或其他对象设为灯光，仅在渲染时表现
Leather（皮革）	自动调整为表现皮革的反射类型
Metal（金属）	自动调整为表现金属材质的反射类型
Plastic（塑胶）	自动调整为表现塑胶材质的反射类型
Skin（Render Only）（皮肤）	更逼真地渲染人体皮肤。不应同时使用置换图，会出现与V-Ray兼容性问题，仅在渲染时表现

注　按照需要选择反射类型，可以更真实地表现织物的光泽感。

织物纹理是用来表现织物的质地或图案。织物图主要包括：纹理图、法线图、置换图、透明图、高光图、金属图。

纹理图：用来表现织物的基本图。

法线图：用来表现纹理肌理感的图，通过光影来体现肌理感，只增强视觉上的效果，并不是真实的凹凸结构。

置换图：表现织物纹理的厚度和立体感，与法线图不同的是，可以表现织物表面真实的凹凸结构。图片属于灰度图，图中越白的地方越凸。

透明图：用来表现纹理透明度的图，通过两种不同模式的设定表现透明度。RGB模式是完全不透明的灰度图，越接近白色越不透明，越接近黑色越透明。ALPHA模式是有透明度的PNG格式文件。

高光图（表面粗糙度图）：用于定义物体表面光泽度的图，是一张灰度图，默认越接近黑色的地方光泽感越强。

金属图：使用灰度图来表现织物局部的金属感（需调节金属度），贴图的白色部分显示为金属色。配合高光图可以做出局部金属感的效果。

（三）物理属性

在物理属性下拉列表中，通过调整强度、变形率等细节设置，从而改变面料物理属性效果。细节属性之间会相互影响，这些细节属性值构成了服装的整体效果。

二　织物图制作方法

织物3D图可以通过专业扫描器对面料进行扫描得到纹理图、高光图、法线图等图，并且生成特殊格式的文件，直接导入CLO中使用；若通过普通扫描器对面料进行扫描，只能得到纹理图，其他图则需要通过Photoshop或Pixplant等软件制作。

本部分主要以Photoshop软件来阐述制作不同织物图的方法。图2-4-1所示为通过普通扫描器获得的一块提花面料，通过Photoshop来制作该图的纹理图、法线图与置换图。

图2-4-1　扫描花形图

（一）纹理图

在Photoshop中打开扫描所获得的提花面料，使用【透视裁剪工具】（），将提花面料裁剪成四方连续的图形，并通过【位移】工具栏，观察形成的图形是否连续，如图2-4-2所示。保存为JPG格式即可得到该提花面料的纹理图。

图2-4-2　观察形成的图形是否连续

（二）法线图

在Photoshop中打开裁剪好的纹理图，执行【滤镜】→【3D】→【法线图】命令，打开【生成法线图】对话框，根据提花效果修改模糊、细节值等，如图2-4-3所示。

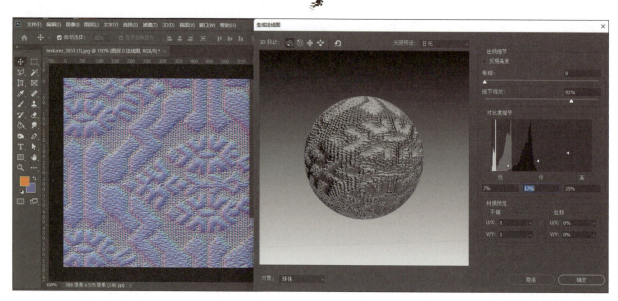

图2-4-3　法线图制作

（三）置换图

为了呈现提花面料的立体效果，在Photoshop中打开裁剪好的纹理图，执行【图像】→【调整】→【去色】命令，将纹理图去色，然后调整【色阶】，最后对图进行高斯模糊处理，高斯模糊的值一般根据纹理效果进行设置，图2-4-4为制作好的置换图。

（四）透明图

在Photoshop中打开一张印花图，如图2-4-5所示，将图中浅蓝色部分制作为透明部分。先将图片进行去色，然后调整图像的色阶，最后对图像进行高斯模糊处理，使光泽更为柔和。图2-4-6左图为处理后的透明图，右图为应用到CLO中的效果。

图2-4-4　置换图

图2-4-5　印花图

（五）高光图

采用与上述相同的方法，将图片去色，调整图像的色阶，使黑白对比度更为强烈，如图2-4-7所示，左图为Photoshop中制作的高光图，右图为CLO中添加高光图后的渲染效果。

（六）金属图

金属图也属于灰度图，贴图

图2-4-6　处理后的透明图及在CLO中的应用效果

的白色部分显示为金属色，在Photoshop中采用相同方法制作，如图2-4-8所示，左图为Photoshop中制作的金属图，右图为CLO中金属图与高光图配合使用后的渲染效果。

图2-4-7 高光图及在CLO中的应用效果

图2-4-8 金属图及在CLO中的应用效果

小结

本章介绍了虚拟服装软件CLO 3D的软件界面与常用菜单功能，虚拟模特建模方法，板型与纸样的导入以及虚拟面料的处理。本章内容是虚拟制作的基础知识，因此，读者需了解软件的操作界面与常用菜单功能，掌握不同类型模特的建模方法、虚拟模特外观修改与姿势调整，熟悉如何从第三方软件导入板型与纸样，重点掌握不同织物图的作用及其制作方法，并且在实际服装虚拟设计实践过程中综合运用，设计出符合实际效果的仿真作品。

思考题

1. 简述2D板型工具栏和3D服装工具栏的区别。

2. 通过第三方软件导入纸样时，纸样保存为什么格式？

3. 根据所学知识，制作一个运动状态的虚拟模特姿势。

4. 简述CLO 3D软件中织物纹理图、法线图、置换图的作用。

第三章
虚拟服装设计与表现

产教融合教程：虚拟服装设计与展示陈列

课题内容：

1.上装设计与表现

2.裙装设计与表现

3.裤装设计与表现

4.外套设计与表现

课题时间： 26课时

教学目标：

1.掌握上装款式的缝合制作及渲染

2.掌握裙装款式的缝合制作及渲染

3.掌握裤装款式的缝合制作及渲染

4.掌握外套款式的缝合制作及渲染

教学重点： 掌握面料纹理和物理属性的选择，掌握不同类型服装局部细节制作及渲染

教学方法： 线上线下混合教学

教学资源： 视频

第一节　上装设计与表现

一　女士圆领T恤

扫一扫看操作视频

（一）板片准备

1.女士圆领T恤款式图

H廓型，有罗纹领口，胸前有印花，领口缉明线，袖口、下摆缉双明线（图3-1-1）。

2.女士圆领T恤纸样

在服装CAD软件中绘制女士圆领T恤结构图，并生成净板纸样，且纸样中包含剪口、标记线等信息，导出DXF文件备用。

（二）板片导入及缝制

1.板片导入

在图库窗口中选择【Avatar】文件夹，在虚拟模特的缩略图中双击选择一名女性模特。单击菜单栏中【文件】→【导入】→【DXF（AAMA/ASTM）】，导入T恤的DXF格式文件。不需要更改缩放、旋转，勾选板片【自动排列】和【优化所有曲线点】选项，然后点击【确定】完成T恤的DXF文件导入，如图3-1-2所示。

2.安排板片

（1）使用2D工具栏中的【调整板片】工具（▰），根据3D虚拟模特剪影的位置对应移动放置板片，使T恤的板片围绕在虚拟模特剪影周围，同时板片的布局也会同步反应在3D窗口中，如图3-1-3所示。

（2）对称板片（板片和缝纫线）。使用2D工具栏中【编辑板片】工具（▰），依次选中前片和后片的中线，此时中线以黄色高亮显示，表示已经被选中，单击鼠标右键，弹出菜单，选择【对称展开编辑（缝纫线）】，如图3-1-4所示展开前片和后片；使用【调整板片】工具（▰），选择袖子

图3-1-1　女士圆领T恤款式图

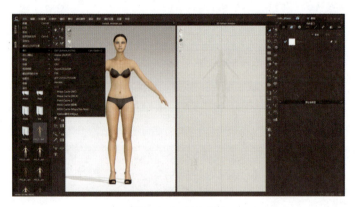

图3-1-2　导入板片

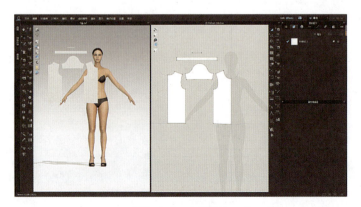

图3-1-3　安排板片

板片，此时板片以黄色高亮显示，在板片上右键单击弹出菜单，选择【对称板片（板片和缝纫线）】，如图3-1-5所示。

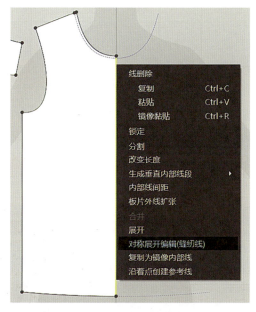
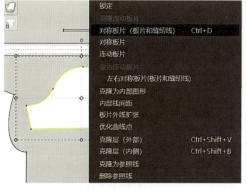

图3-1-4　对称展开编辑（缝纫线）操作　　　图3-1-5　对称板片（板片和缝纫线）操作

（3）3D窗口中安排板片。使用3D工具栏中【重置2D安排】工具（▦），将3D窗口内的板片布局调至与2D窗口一致。在2D和3D窗口中将显示相同的板片安排。

（4）打开安排点。将鼠标悬停在3D窗口【显示虚拟模特】图示（▦）上，单击【显示安排点】（▦），3D窗口虚拟模特周围将显示蓝色安排点，如图3-1-6所示。

（5）移动遮挡安排点的板片。按住Ctrl+A选择所有板片。被选中的板片将突出显示为黄色，使用3D工具栏中的【选择/移动】工具（▦），点击并拖拉板片移动到不遮挡安排点的位置。

（6）安排衣身、袖子和罗纹领板片。先点击板片再点击虚拟模特周围相应的安排点。放置时板片将围绕着身体弯曲。点击数字【2】，调整视窗到正面，选择T恤的前片将其放置在前中心的安排点，后片重复此操作，放置在后中心的安排点，选择袖子板片，点击位于上臂上的安排点，如图3-1-7所示。

图3-1-6　安排点图

3.虚拟缝合

（1）缝制前、后片。选择2D工具栏中的【线缝纫】工具（▦）缝制T恤的大身，左键依次单击后侧缝与前侧缝、后肩缝与前肩缝。缝纫时需要注意方向性切口以免缝纫线交叉。

（2）缝合袖子与袖窿。在2D工具栏中，选择【自由缝纫】工具（▦），将袖子缝到袖窿上。在缝制过程中需要对好剪口，并且注意方

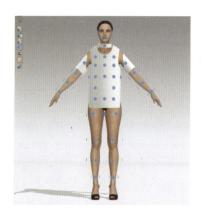

图3-1-7　板片安排

向性切口，避免缝纫线交叉。

（3）模拟试穿。在2D工具栏内，框选领子与领贴，单击鼠标右键，选择【冷冻】，将不参与模拟的裁片先进行冷冻，裁片被冷冻后，将呈现淡蓝色；然后在3D工具栏中，选择【普通速度】工具（⬇）进行模拟，等模拟稳定后，观察T恤是否合身。

（4）将罗纹领缝制到T恤的大身上。在2D窗口，单击鼠标左键选择罗纹领，在选中的板片上单击鼠标右键，在弹出的菜单中选择【解冻】。

因为罗纹领是双层结构，在缝制前，选择2D工具栏中的【勾勒轮廓】工具（🔵），左键单击选中罗纹领中线基础线，然后右键单击弹出对话框，选择【勾勒为内部线/图形】，将基础线勾勒为内部线，如图3-1-8所示；随后在【属性编辑器】中，将内部线的折叠强度改为31，折叠角度改为150°，如图3-1-9所示。

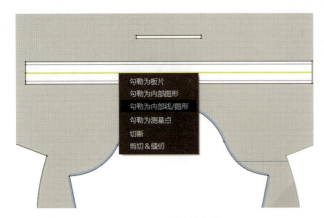 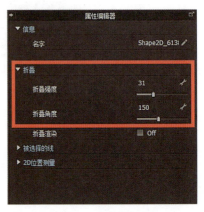

图3-1-8　勾勒为内部线　　　　　　　　　　图3-1-9　折叠参数调整

然后，使用【线缝纫】工具（🔳）将罗纹领按照顺序与衣身缝合，单击罗纹领边后，按住Shift键，依次单击前领、后领进行缝合，缝纫线以绿色高亮显示，表示1：N缝纫，再将罗纹上边与下边进行缝合，如图3-1-10所示。

在模拟之前，对罗纹领进行预处理，在3D工具栏中，选择【折叠安排】工具（🔳），单击内部中间线，沿着绿色箭头将罗纹领折叠，如图3-1-11所示，然后选择【模拟】。

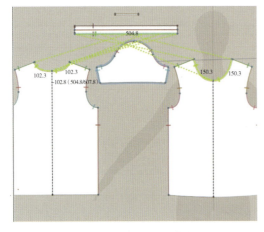 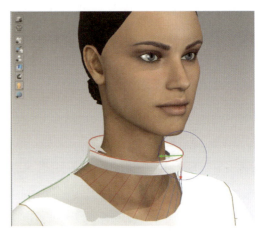

图3-1-10　缝合罗纹领与衣身　　　　　　　　图3-1-11　折叠罗纹领

（三）女士圆领T恤的细节处理

1. 罗纹领细节处理

模拟后，领外边缘出现外翻的问题，如图3-1-12所示，需要对翻折线进行属性编辑。使用【调整板片】工具（▲）或者【编辑板片】工具（▲），选中翻折线，在【属性编辑器】中点击【被选择的线】下拉三角，将【弹性】打开，并将【力度】改为0.1，如图3-1-13所示。再次模拟，领外边缘将不再外翻。

2. 袖口折边细节处理

使用【编辑板片】工具（▲），鼠标右键单击袖口线，在弹出的对话框中选择【内部线间距】，如图3-1-14所示；在弹出的对话框中将内部线间距修改为20mm，如图3-1-15所示；鼠标右键再次单击袖口线，选择【板片外线扩张】，在弹出的对话框中将间距修改为20mm，勾选【生成内部线】，【侧边角度】选择【Mirror】，选择【默认角】，单击【确认】，给袖子加出了2cm的折边，如图3-1-16所示。

图3-1-12　领外边缘出现外翻

图3-1-13　线弹性参数调整

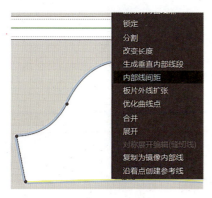

图3-1-14　设置内部线

图3-1-15　内部线间距调整

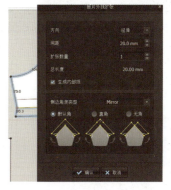

图3-1-16　板片外线扩张操作

3. 衣摆细节处理

与袖口折边处理方法一致，内部线间距修改为20mm，板片外线扩张修改为20mm，勾选【生成内部线】，【侧边角度】选择【Mirror】，选择【默认角】，依次处理前片衣摆和后片衣摆。

4. 初步缝合与模拟

（1）缝合。使用【线缝纫】工具（▲），依次缝合袖口折边、下摆折边。如果缝合过程中出现缝合线方向相反的情况，使用【编辑缝纫线】工具（▲）调换缝纫线方向即可。

（2）模拟。在模拟之前，对袖口与下摆进行预处理，在3D工具栏中，选择【折叠安排】工具（▲），单击翻折线，沿着绿色箭头将折边进行折叠；然后修改折边的属性，使用【编辑板片】工具（▲）选中折边，在【属性编辑器】中，将【折叠角度】改为80°，打开【折叠渲染】，如图3-1-17所示，然后选择【模拟】。

图3-1-17　折叠参数设置

（四）女士圆领T恤的面料设置

1. 衣身面料设置

（1）面料物理属性设置。选中物体窗口中【FABRIC 1】，在【属性编辑器】窗口中，将【物理属性】中【预设】改为棉针织物，运动衫类型（Knit Cotton Jersey），如图3-1-18所示。

（2）面料纹理设置。在图库窗口中【Fabric】文件夹中，选中相应的面料拖拽到物体窗口中的【FABRIC 1】，就完成了面料纹理的设置，如图3-1-19所示。为了方便后期根据需要修改面料的颜色，选中图库窗口中的面料，在【属性编辑器】中，执行【属性】→【默认】→【纹理】命令，打开【冲淡颜色】，如图3-1-20所示。

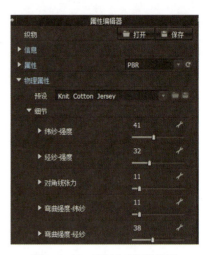

图3-1-18　面料物理属性设置

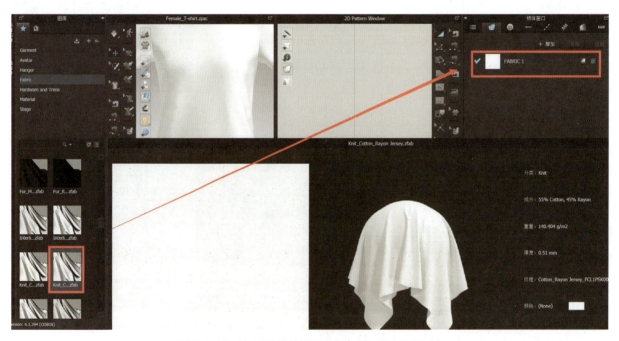

图3-1-19　选中面料拖拽到物体窗口中的【FABRIC 1】

2. 罗纹面料设置

（1）增加面料。罗纹面料与衣身面料材质不同，需要单独设置面料，在物体窗口中单击【增加】，新增一块面料，将面料名改为"罗纹"，将该面料拖拽到2D窗口的罗纹领板片中进行应用。

（2）设置罗纹面料物理属性。与衣身面料物理属性操作相同，且预设为罗纹面料的物理属性。

（3）设置罗纹面料纹理。在【属性编辑器】中，依次导入面料的【纹理】和【法线图】。导入纹理：点击【纹理】右侧【■】，打开纹理图文件夹，选择罗纹纹理，打开【冲淡颜色】；导入法线图：点击【法线图】右侧【■】，打开法线图文件夹，选择罗纹法线图，即可导

图3-1-20　面料纹理

入法线图。如图3-1-21所示。

（4）设置罗纹纹理。如图3-1-22所示，需要对罗纹贴图纹理密度进行调整，使用【编辑纹理】工具（），在2D窗口左键单击罗纹领板片，在右上角的定位球中单击右键45°方向线段，拖拽鼠标，调整纹理需要的效果，如图3-1-23所示。

（5）设置罗纹领颜色。选中物体窗口罗纹面料，在【属性编辑器】中，单击【颜色】右侧【□】，在弹出的颜色对话框中选择需要的颜色，单击确定就完成了颜色的更改，如图3-1-24所示。

（6）罗纹领物理属性修改。为了使领的效果更为逼真，对罗纹面料的物理属性进行修改，具体修改数值如图3-1-25所示。修改数值后，领口与颈部更为贴合，效果也更为逼真。

（7）衣身领口细节处理。使用【勾勒轮廓】工具（），鼠标右键单击领口处的基础线，在弹出的对话框中选择【勾勒为内部线/图形】，将衣身领口处的基础线勾勒为内部线；使用【编辑板片】工具（），右键单击领口内部线，在弹出的对话框中选择【剪切＆缝纫】，如图3-1-26与图3-1-27所示。

使用【调整板片】工具（），鼠标左键单击被剪切的领口，在弹出的对话框中选择【克隆层（外部）】，如图3-1-28与图3-1-29所示。

（8）重新缝制罗纹领。首先，将罗纹领边缘的基础线勾勒为内部线，使用【勾勒轮廓】工具（），鼠标右键单

图3-1-21　罗纹面料纹理、法线图导入

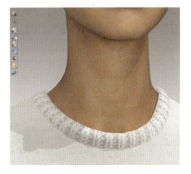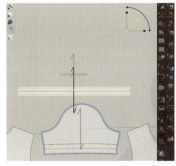

图3-1-22　导入纹理与法线后的罗纹　　图3-1-23　罗纹贴图纹理密度调整

图3-1-24　更改罗纹颜色

图3-1-25　罗纹领物理属性修改

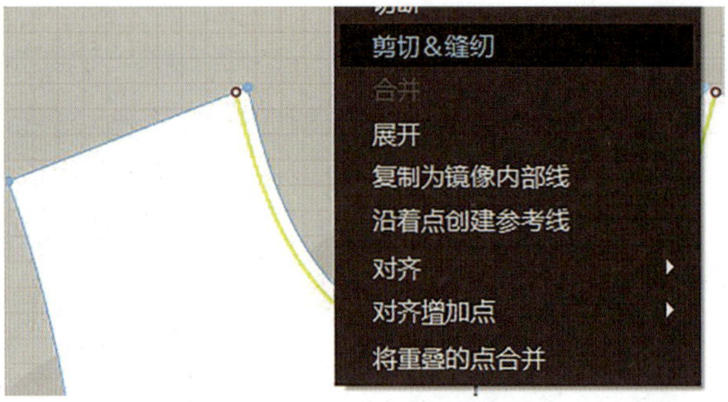

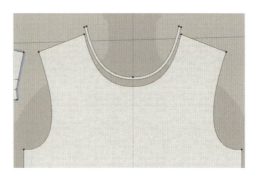

图3-1-26 剪切缝纫

图3-1-27 剪切缝纫后

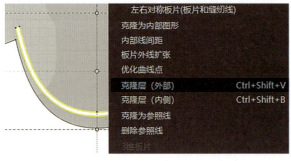

图3-1-28 克隆层（外部）命令

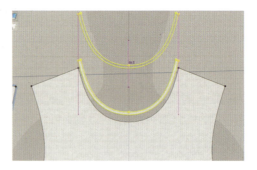

图3-1-29 克隆层（外部）效果

击罗纹领口上下边缘处的基础线，在弹出的对话框中选择【勾勒为内部线/图形】。然后，使用【编辑缝纫线】工具（ ）删除原有的领口缝纫线。将罗纹领口下边缘内部线与剪切后的领口缝合，采用1：N的方法缝纫，如图3-1-30所示。接下来，将罗纹领上下边缘的内部线进行缝合。

（9）罗纹领模拟缝合。在3D窗口工具栏内，选择【显示虚拟模特】（ ），隐藏3D窗口的虚拟模特。然后，使用【选择/移动】工具（ ），单击罗纹领，拖动定位球上绿色箭头方向，将罗纹领稍微向下移动，以方便后期模拟，如图3-1-31所示。

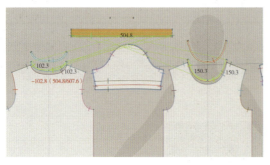

图3-1-30 罗纹领重新缝制

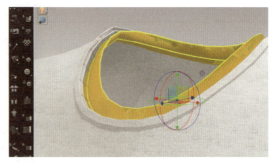

图3-1-31 向下移动罗纹领

（10）罗纹领处包边条处理。在物体窗口新增包边条的面料，面料物理属性设置为"Cotton Oxford"，在图库窗口找到相应的面料，应用到新的面料中设置包边条纹理，同时打开【属性编辑器】中的【冲淡颜色】。

（11）罗纹领与包边条缝合。将2D窗口与3D窗口的包边条板片移动到罗纹领附近，使用【自由缝纫】工具（ ），将包边条缝制到罗纹领后中心处，使用【编辑缝纫线】工具（ ）调整缝纫线位置，使其处于后领中心处；然后将包边条的上边与罗纹领的上边缘内部线缝合，如图3-1-32红色标注位置所

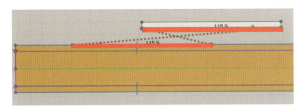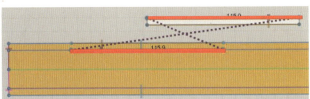

图3-1-32 罗纹领与包边条缝合

示。在模拟之前，可以将T恤的衣身、袖子、领子冷冻，加快模拟速度。

（12）罗纹领包边条细节处理。使用【调整板片】工具（▰）选中包边条，在【属性编辑器】中，将【模拟属性】中【增加厚度－渲染（毫米）】数值改为1，如图3-1-33所示。

（13）罗纹领缝纫线细节处理。在物体窗口，切换到【明线】窗口（▰），新增一种线迹，并且在【属性编辑器】中，将间距修改为N/A，环境设置中线的数量改为2，并且打开3D效果，然后使用2D工具栏中【线段明线】工具（▰），单击袖口最上端的内部线、衣身下摆最上端的内部线，完成明线设置，如图3-1-34所示。

衣身领口明线：选择系统默认的明线，在【属性编辑器】中，将间距修改为N/A，将线的粗细改为80Tex，打开3D效果，然后使用2D工具栏中【线段明线】工具（▰），单击衣身领口，完成领口明线设置。

包边条明线：新增一种线迹，在【属性编辑器】中，将间距修改为1/32"，【规格】中长度改为SPI-11，线的粗细改为80Tex，使用2D工具栏中【线段明线】工具（▰），单击包边条上下两端，完成明线设置。

锁边线：新增一种线迹，在图库窗口的【Hardware and Trim】文件夹中的【Topstitch】文件夹中选择合适的锁边线，应用到新增线迹，如图3-1-35所示。将【属性编辑器】中的间距修改为N/A，使用2D工具栏中【线段明线】工具（▰），依次单击袖口、罗纹领口、衣身下摆，完成锁边线迹的设置，使用【自由明线】工具（▰），完成罗纹领的锁边效果，如图3-1-36所示。

图3-1-33 增加厚度－渲染

图3-1-34 缝纫线属性编辑

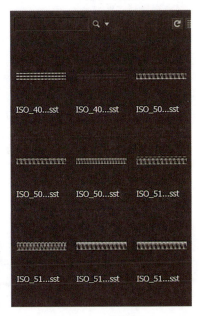

图3-1-35 新增线迹

3. 印花图案设置

（1）提高服装质量。在3D工具栏中，选择【提高服装质量】工具（🖌），弹出【高质量属性】窗口，选择默认数值，点击确定。

（2）印花图案制作。当模拟稳定后，可以为服装增加一个印花贴图，在2D工具栏中，单击【贴图（2D板片）】工具（🖼），在弹出的文件夹中选择需要设置的贴图，再次单击设置贴图的位置，贴图出现在衣身上，使用【调整贴图】工具（🖼），拖拽图的定位球调整图片大小或者位置；在【属性编辑器】中，将贴图的类型改为塑胶，做出热转印的效果。

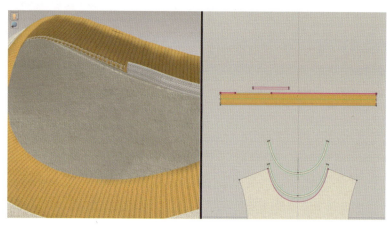

图3-1-36　罗纹领的锁边效果

（五）女士圆领T恤渲染

在菜单栏中，选择【渲染】，在渲染界面单击空白处激活渲染，完成渲染效果，如图3-1-37所示。

图3-1-37　完成女士圆领T恤渲染

二　男式衬衫

（一）板片准备

1. 男式衬衫款式图

男式长袖合体衬衫，分体翻领，门襟6粒扣，袖子有袖开衩、活褶，袖口1粒扣，后片育克分割，款式如图3-1-38所示。

2. 男式衬衫纸样

在服装CAD软件中绘制170/92A号型的男式衬衫结构图，并生成净板纸样，且纸样中包含剪口、标记线等信息，导出为DXF文件备用。

扫一扫看操作视频

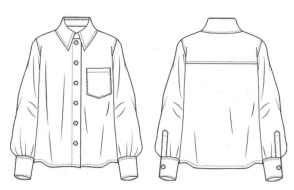

图3-1-38　男式衬衫款式图

（二）板片导入及缝制

1. 板片导入

在图库窗口中选择【Avatar】文件夹，在虚拟模特的缩略图中双击选择一名男性模特。单击菜单栏中【文件】→【导入】→【DXF（AAMA/ASTM）】，导入衬衫的DXF格式文件。

2. 安排板片

（1）安排板片之前，先将全部板片补齐。首先使用2D工具栏中【调整板片】（▟）工具，按住【Shift】键依次选中左袖片、袖开衩条、袖克夫，单击鼠标右键，弹出菜单，选择【对称板片（板片和缝纫线）】，从而将全部板片补齐。板片补齐后，继续使用【调整板片】工具，将全部板片摆放到2D窗口虚拟模特剪影的相应位置，摆放遵循方便缝纫的原则，袖片放在前、后片中间的位置，如图3-1-39所示。

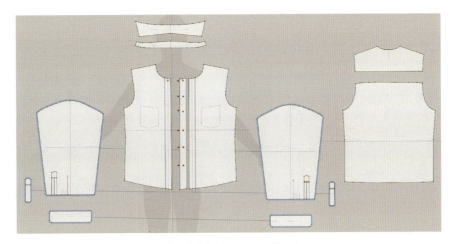

图3-1-39　2D窗口安排板片

（2）安排板片。单击3D窗口左侧快捷菜单栏的【显示安排点】（❈）按钮，打开安排点。按照从上到下、从前到后的顺序安排板片。先选中领座，点击模特颈部后方的安排点，再选择翻领，点击模特头部后方的安排点。继续选择其他板片，依次点击相应位置的安排点。安排板片时，可以使用定位球调整板片位置，最终安排效果如图3-1-40所示。

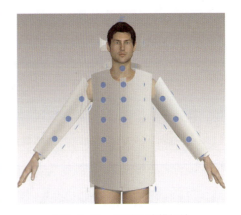

图3-1-40　3D窗口安排板片

3. 虚拟缝合

（1）缝合肩线、衣身侧缝与后育克。选择【线缝纫】（▥）工具缝合肩线，缝合时须注意缝纫方向，2D窗口中的板片是需要区分正反的，看到的这面是裁片正面，而另一面是裁片反面。缝合时要根据板片的正反确定要缝合在一起的两条线。对于有断点的侧缝和肩部育克分割线的缝合，应选择【自由缝纫】（▦）进行缝合。

（2）缝合门襟条。使用【自由缝纫】工具，将门襟条缝合到左前片上，并使用【编辑缝纫线】（▣）工具选中缝纫线，在【属性编辑器】中需要修改【缝纫线类型】为【TURNED】，如图3-1-41所示。

图3-1-41　缝纫线类型设置

（3）缝合袖侧缝线，绱袖子。使用【线缝纫】工具可以快速缝合袖子侧缝线，两个袖子为连动关系，因此只需缝合一个袖片即可。具体操作为选择【自由缝纫】，先点击袖山弧线，再点击袖窿弧线，完成绱袖。绱袖子前，需先确认左、右袖片，注意左、右袖片与左、右前片对应匹配。同时，缝合时需要注意缝合方向，若从前袖山弧线向后袖山弧线缝合，则缝合袖窿时，也要遵循从前袖窿弧线向后袖窿弧线缝合的顺序。以左袖子为例，使用【自由缝纫】先点击前袖山弧线左端点，再点击后袖山弧线右端点，然后长按【Shift】键，点击左前片袖窿弧线腋下点，经过左前片肩点、左后育克肩点、育克分割线左端点、后片分割线左端点，最后点击后片左袖窿腋下点，松开【Shift】键和鼠标，完成缝合，如图3-1-42所示。

（4）缝合领座和翻领。将领座与衣身领弧线缝合时，注意缝合方向，先缝合领座的领下弧线：使用【自由缝纫】，先点击领下弧线左端点，再点击右端点，按住【Shift】键，继续点击左前片前中上端点，顺着领弧线，点击左前片侧颈点、后片左侧颈点、右侧颈点、右前片侧颈点、右前片前中上端点，最后松开鼠标和【Shift】键，完成领座的缝合。翻领与领座缝合时，只需缝合翻领的下领弧线与领座的上领弧线，如图3-1-43所示。

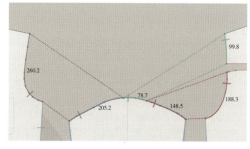

图3-1-42　绱袖及缝合袖缝线

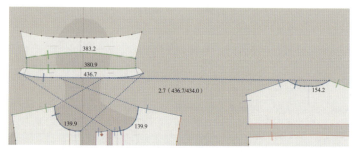

图3-1-43　缝合领座和翻领

（5）缝合前片贴袋。使用【勾勒轮廓】(▨)工具，按住【Shift】键点击左前片胸部贴袋的基础线，点击鼠标右键，选择【勾勒为内部图形】。使用【调整板片】(◣)工具选中贴袋内部线，点击右键，点击【克隆为板片】，克隆出贴袋的板片，使用【自由缝纫】工具，将贴袋板片和内部线缝合。在3D窗口中，点击贴袋板片，点击右键，点击【添加到外面】。

（6）模拟。模拟前，查看3D窗口中3D板片是否安排正确，缝线是否缝合正确。为方便模拟，在模拟前选中其余未缝合的袖克夫、袖衩条板片，点击右键选择【反激活（板片和缝纫线）】，使其处于失效状态，暂时不参与模拟。另外，选中门襟条，鼠标按住定位球的蓝色坐标轴向外拖拽，使门襟条位于衣片外层。最后点击【模拟】按钮，使服装穿着到模特身上，如图3-1-44所示。

（三）男式衬衫的细节处理

1.翻折翻领领面

（1）绘制翻领翻折线。避免翻领翻折后，翻领与领座的接缝线暴露在外面，影响美观和舒适性，在翻折领片前，需在翻领上绘制一条内部线作为翻折线，内部线应位于接缝线内侧约5mm处。使用【编辑板片】工具选中领座领下弧线，

图3-1-44　衬衫初步模拟

点击右键，选择【内部线间距】选项，弹出【内部线间距】对话框，在【间距】选项中输入5mm，勾选【内部线延长】点击确定即可，如图3-1-45所示。

（2）设置翻折线折叠角度。继续使用【编辑板片】工具选中生成的内部线，在【属性编辑器】中找到【折叠】→【折叠角度】，将其设置为360°。

（3）翻折翻领。点击【模拟】，在模拟状态下，使用鼠标拖拽翻领，将其向下翻折。转换到左面视角，放大3D界面，鼠标向下拖拽翻领后中，若不能翻折翻领，则使用固定针功能，在英文输入法下，按住【W】键的同时，左键点击翻领后中添加粉色固定针。鼠标按住固定针，向下拖拽，辅助翻领的翻折。将视角转到后面，分别用鼠标拖拽左侧翻领和右侧翻领向下翻折。最终调整效果如图3-1-46所示。

图3-1-45　内部线间距设置

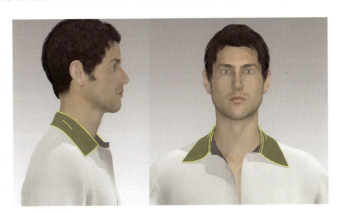

图3-1-46　翻折领最终效果图

2.门襟系纽扣

（1）缝合门襟搭门线。为了更加顺利地系上纽扣，在添加纽扣前，使用缝纫线代替纽扣将门襟缝合。选择【线缝纫】工具将右前片外门襟搭门线与左前片门襟内搭门线缝合，如图3-1-47所示的蓝色缝纫线所示。点击【模拟】，若门襟有不稳定的交叉穿透，则选中左前片和门襟条，设置【属性编辑器】中的【层】为1，再次模拟稳定后，将【层】改回0。

（2）添加纽扣和扣眼。选择3D窗口工具栏的【纽扣】（ ⬤ ）按钮，在2D窗口中，用鼠标左键点击右前片门襟上端，放置第一粒纽扣。使用【选择/移动】（ ⬤ ）工具，点击第一粒纽扣，按【Ctrl+C】复制按钮，继续按【Ctrl+V】，然后点击鼠标右键，弹出粘贴对话框，【间距】设置为100 mm。【扣子/扣眼数量】设置为5，点击确认，完成门襟纽扣的添加，如图3-1-48所示。扣眼的添加方法与纽扣相同，此处不作赘述。但要注意扣眼添加在门襟条上而非衣片上，且与纽扣位置一一对应。

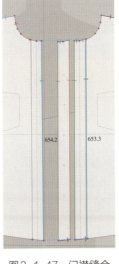

图3-1-47　门襟缝合

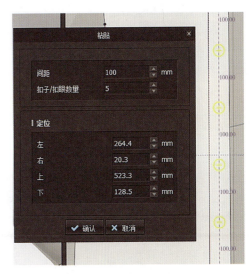

图3-1-48　添加纽扣和扣眼

（3）设置纽扣和扣眼属性。选择物体窗口中纽扣选项卡下的【Default Button】纽扣分组，鼠标右键点击重命名为"门襟纽扣"，在【属性编辑器】中点击【图形】选择合适的纽扣，并根据设计需要设置纽扣宽度、厚度，在【属性】项目中将【类型】改为【Plastic】（树脂/塑胶）材质，颜色改为与面料颜色匹配的色系，也可设置【纹理】为合适的图案，如图3-1-49所示。修改扣眼属性时，选中【物体窗口】下的扣眼选项卡中的相应扣眼分组【Default Buttonhole】，点击鼠标右键重命名为"门襟扣眼"，并在下方的【属性编辑器】中修改扣眼的【图形】【宽度】和【颜色】等属性。

（4）系纽扣。系纽扣时，选择3D窗口工具栏中的【系纽扣】（ ）工具。【系纽扣】工具在3D、2D窗口均可用，一般在2D窗口中使用更方便。直接使用该工具点击纽扣，移动鼠标出现灰色箭头，继续点击扣眼即可完成系纽扣。最后打开【模拟】，鼠标调整门襟，使纽扣处于稳定状态，如图3-1-50所示。系好纽扣后，使用【编辑缝纫线】工具选中步骤（1）中缝合的搭门线，按键盘的【Delete】键删除该缝纫线。至此完成门襟系纽扣，如图3-1-51所示。

3.袖子细节制作

（1）缝合袖口活褶。使用内部线工具沿着袖口活褶的基础线绘制内部线，根据活褶标记符号，想象活褶从左边倒向右边，则内部线的翻折角度从左到右分别是0°、360°、180°。因此，需设置内部线的翻折角度：选中左边内部线，在【属性编辑器】中设置【折叠角度】为0°；选择中间内部线，在【属性编辑器】中设置【折叠角度】为360°。使用【自由缝纫】工具缝合两对缝纫线，第一对是缝合ab与ac，第二对是缝合bd与ba，如图3-1-52所示。点击【模拟】按钮，在3D窗口查看并调整活褶的模拟效果，如图3-1-53所示。

（2）左袖片袖开衩的制作。使用内部线工具在左袖片上绘制开衩线，如图3-1-54所示。选中内部开衩线，点击右键，选择【切断】选项，生成袖开衩，如图3-1-55所示。

（3）缝合开衩条。使用【勾勒轮廓】工具将左袖片上开衩条基础线勾勒为内部图形，如图3-1-56所示。接着使用【自由缝纫】工具将开衩条缝合到袖开衩上，如图3-1-57所示。

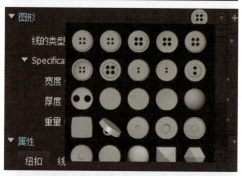

图3-1-49 设置纽扣和扣眼属性

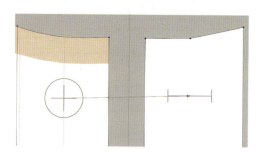

图3-1-50 系纽扣操作

图3-1-51 系好纽扣后效果

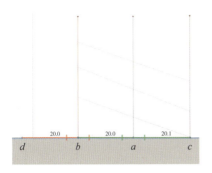

图3-1-52 褶缝合

图3-1-53 活褶模拟

图3-1-54 开衩线绘制

图3-1-55 袖开衩生成

（4）缝合袖克夫。缝合时要结合实际衬衫袖口的缝合工艺，使用【自由缝纫】工具，先从右到左点击缝合袖克夫上边线（$a' \to h'$），再按住【Shift】键，点击缝合袖开衩（$a \to b$），继续沿着袖口线向左缝合（$c \to d$，$e \to f$），注意要跳过活褶部分，最后环绕一周到袖身开衩右端点结束（$g \to h$），如图3-1-58所示。

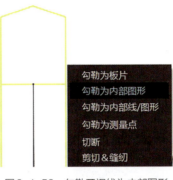

图3-1-56 勾勒开衩线为内部图形

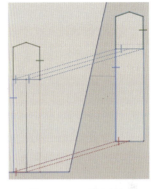

图3-1-57 缝合袖衩

（5）模拟袖口。模拟前，先删除右袖片以及右袖衩条、袖克夫。3D窗口中，点击左袖衩条、袖克夫，用鼠标右键点击【激活】。单独点击袖开衩条，用鼠标右键选择【添加到外面】，将袖衩条添加到袖口开衩处。打开【模拟】，模拟袖口，对于不平整的部分，可以使用鼠标拖拽调整，如图3-1-59所示。

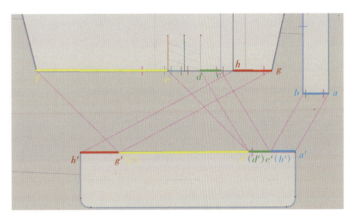

图3-1-58 缝合袖克夫

（6）袖口系纽扣。使用【纽扣】和【扣眼】工具，在3D窗口中的袖克夫上合适位置添加纽扣和扣眼，使用【系纽扣】工具点击纽扣和扣眼，完成袖口系纽扣，最终模拟效果如图3-1-60所示。

（7）复制右袖。在前面的操作中删除了右袖片，因此，需要复制右袖片。使用【调整板片】工具选中左袖片、左开衩条、左袖克夫，用鼠标右键选择【对称板片（板

图3-1-59 模拟袖口

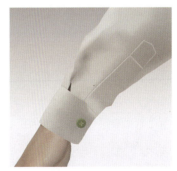

图3-1-60 袖口系纽扣最终效果

片和缝纫线）】将对称处的右袖放置于相应位置。使用【自由缝纫】工具将右袖缝合到右袖窿上。最后使用定位球将右袖移动到模特右手臂上，并打开【模拟】，模拟稳定。

（四）男式衬衫面料设置

1. 设置面料材质

在界面左侧的【图库窗口】中双击打开【Fabric】选项，在下方对话框中可以看到系统提供的多种面料类型，这里的面料类型与右侧【属性编辑器】的【预设】中的面料类型一致，但不同的是这里的面料包含了纹理信息，找到适合作为衬衫面料的材质，例如【Cotton_40s_Chambray】纯棉面料，使用鼠标左键将该面料拖拽到物体窗口的【FABRIC 1】上，松开鼠标，则【FABRIC 1】面料替换为【Cotton_40s_Chambray】面料，且在3D窗口中可以看到面料的纹理。在3D窗口快捷菜单栏中的第6个工具栏中，点击【浓密纹理表面】，并打开【模拟】，查看该面料材质的模拟效果。

2. 设置面料粒子间距

20mm的默认粒子间距不能表现服装的抽褶细节，且板片边缘会出现不规则的棱角，需要按【Ctrl+A】选中全部板片，在【属性编辑器】中，找到【粒子间距】，将默认的20mm改为10mm或8mm。

3. 粘衬条

由于重力场的作用，CLO 3D中的服装在肩部、颈部等压力较大位置会发生一定的变形，因此需要添加衬条，加固板片边缘，减少形变。选择2D窗口中的【粘衬条】（ ）工具，在2D窗口界面，用鼠标左键点击需要粘衬条的板片轮廓线，一般在领围线、袖山弧线处添加，如图3-1-61所示。

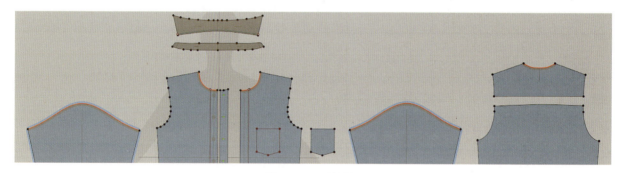

图3-1-61　粘衬条

（五）男式衬衫渲染

经过前述的操作，基本完成了男式衬衫的虚拟试衣。在图库窗口中点击【Avatar】→【Male_V1】→【Pose】文件夹，双击打开H形站立姿势，在弹出的【打开姿势】对话框中选择【只更换姿势】选项，从而将展示姿态切换到自然站立式。然后在主菜单找到【渲染】下的【渲染】选项，弹出【Render】窗口，点击窗口中间的【点击此处激活渲染】即可加载出渲染界面，最终渲染效果如图3-1-62所示。

图3-1-62　男式衬衫渲染效果

第二节　裙装设计与表现

扫一扫看操作视频

一　泡泡袖活褶连衣裙

（一）板片准备

1. 泡泡袖活褶连衣裙款式图

泡泡袖活褶连衣裙整体廓型为X型，前、后刀背缝分割，泡泡短袖，裙子为活褶设计，后中装拉链，款式如图3-2-1所示。

2. 泡泡袖活褶连衣裙纸样

在服装CAD软件中绘制160/84A号型的泡泡袖活褶连衣裙结构图，并生成净板纸样，且纸样中包含剪口、标记线等信息，导出为DXF文件备用。

（二）板片导入及缝制

1. 板片导入

在图库窗口中选择并双击打开一名女性模特，在虚拟模特编辑器中设置其身高为160cm、胸围84cm、腰围68cm。单击菜单栏中【文件】→【导入】→【DXF（AAMA/ASTM）】，导入连衣裙的DXF格式文件。

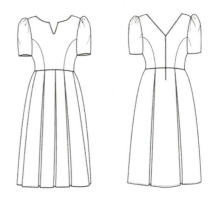

图3-2-1　泡泡袖活褶连衣裙款式图

2. 安排板片

（1）补齐全部板片。首先使用【调整板片】（■）工具，补齐袖片、后片、后侧片、前侧片、裙后片。使用【编辑板片】工具将前片【展开】，得到完整前片。继续使用【调整板片】工具，将全部板片排放到2D窗口虚拟模特剪影的相应位置，排放遵循方便缝纫的原则，袖片放在前、后片中间位置，如图3-2-2所示。

（2）3D窗口中打开安排点。点击3D工具栏中【重置2D安排】（■）工具，使3D窗口内的板片布局与2D窗口一致。单击3D窗口左侧快捷菜单栏的【显示安排点】（✿）按钮，打开安排点。

（3）安排板片。按照从上到下、从前到后的顺序安排板片。将全部板片安排至模特相应位置，比较大的前、后裙片可以不点击安排点，直接通过定位球调整到模特前、后位置即可。板片安排效果如图3-2-3所示。

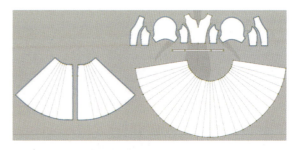

图3-2-2　2D窗口安排板片

图3-2-3　3D窗口安排板片

3.虚拟缝合

（1）缝合肩线、衣身侧缝、袖子。选择【线缝纫】（■）工具，缝合肩线、衣身侧缝、袖侧缝。切换至【自由缝纫】（■）工具，如图3-2-4所示，先将前袖窿弧线ab与对应的前袖山弧线a'b'等长缝合，再将后袖窿弧线cd与对应的后袖山弧线c'd'等长缝合，最后缝合其余袖窿弧线与袖山弧线。肩部形成抽褶的泡泡袖

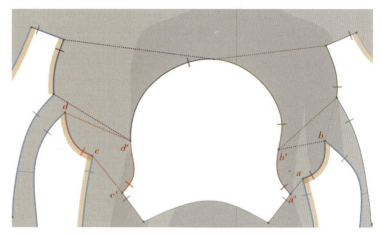

图3-2-4 肩线、衣身、袖子缝合

效果，关键在于较短的袖窿弧线与较长的袖山弧线缝合，二者长度差越大，抽褶越丰富，袖山越饱满。

（2）缝合腰头。使用【自由缝纫】（■）工具，将腰头板片缝合至衣身腰线，如图3-2-5所示。

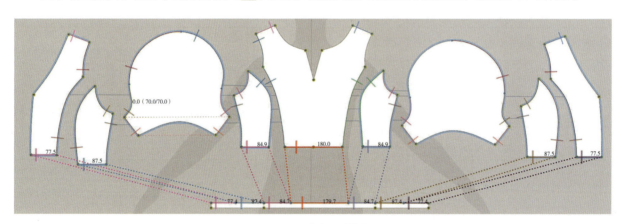

图3-2-5 衣身腰头缝合

（3）缝合裙侧缝线、裙片。继续使用【自由缝纫】工具，首先缝合裙子侧缝以及裙后中拉链止点以下部分。然后将腰头下边线与裙片腰线缝合，注意缝合的起止位置均在后中，缝纫线要跳过裙片上的活褶部分，如图3-2-6所示。

（三）泡泡袖活褶连衣裙细节处理

1.制作活褶

裙子前片设有5个对褶活褶，左右后片各设有1个对褶活褶。活褶的制作包括以下步骤：

（1）将活褶基础线转化为内部线。使用【勾勒轮廓】工具，将裙片上的活褶基础线转化为内部线。

（2）设置内部线的折叠角度。分析活褶的构成可知，1个活褶由2条翻折线折叠形成，如图3-2-7所示，考

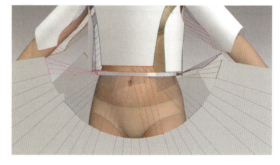

图3-2-6 裙摆与腰头缝合

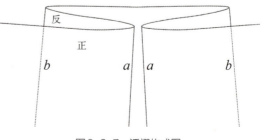

图3-2-7 活褶构成图

虑面料的正反，翻折线"*a*"的折叠角度为0°，翻折线"*b*"的折叠角度为360°。使用【编辑板片】选中翻折线，在【属性编辑器】中设置【折叠】→【折叠角度】为相应度数，如图3-2-8所示。

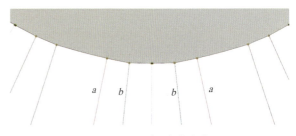

图3-2-8　CLO中翻折线角度设置

（3）缝合活褶。缝合的目的是固定活褶造型。使用自由缝纫模式，每个活褶都需要缝合两对缝纫线进行固定。以图3-2-9中的两个活褶为例，缝合左侧活褶时，第一对缝纫线是*nm*与*nq*缝合，第二对缝纫线是*mn*与*mp*缝合。缝合右侧活褶时，第一对缝纫线是*sq*与*sj*缝合，第二对缝纫线是*js*与*jk*缝合。对应缝合原理如图3-2-10所示。

图3-2-9　活褶缝合

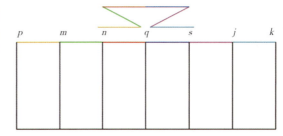

图3-2-10　活褶缝合原理

2.制作拉链

（1）添加拉链。【拉链】工具用法与【自由缝纫】工具用法类似，选择3D窗口左侧工具栏的【拉链】（▓）工具，在3D窗口中点击后中拉链起始位置，向下移动鼠标，依次点击经过的断点，最后在拉链止点处双击鼠标结束一边拉链，继续点击另外一边的起始点、中间断点、结束止点，双击结束，如图3-2-11所示。

（2）设置拉链属性。使用【选择/移动】工具选中服装中的拉链，在【属性编辑器】中可以修改拉链的宽度、纹理、颜色等属性，如图3-2-12所示。选中拉链头，在【属性编辑器】中可以修改拉头和拉片的形状、尺寸、材质、颜色等属性，如图3-2-13所示。

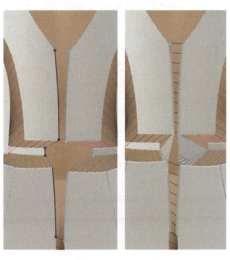

图3-2-11　添加拉链

图3-2-12　拉链属性修改

图3-2-13　拉头、拉片属性修改

（3）模拟。模拟前，查看3D窗口中3D板片是否安排正确，缝线是否缝合正确。点击【模拟】按钮，服装穿着到模特身上。关闭模拟，选中全部板片，将粒子间距改为10mm，再次模拟查看效果，如图3-2-14所示。

（四）泡泡袖活褶连衣裙面料设置

1. 设置面料材质

在界面左侧的【图库窗口】中双击打开【Fabric】选项，在下方对话框中可以看到系统提供的多种面料类型，选择并拖拽【Cotton_Sateen】绵绸面料到物体窗口的【FABRIC 1】面料类型上，松开鼠标，则【FABRIC 1】面料替换为【Cotton_Sateen】面料，同时3D窗口中的服装应用了该面料及其纹理。切换到【浓密纹理表面】效果，设置【增加厚度-渲染（毫米）】属性为1mm。打开【模拟】，查看该面料材质的模拟效果。

图3-2-14 模拟效果

2. 粘衬条

服装受重力影响，肩部和领口的面料易发生形变，因此需要添加衬条加以固定。选择2D窗口工具栏中的【粘衬条】（■）工具，用鼠标依次点击需要添加衬条的部位，如领口弧线、袖窿弧线、肩线、侧缝线，如图3-2-15所示。

图3-2-15 粘衬条

3. 调整粒子间距

为了表现抽褶和活褶的逼真效果，需要单独设置袖片和裙片的粒子间距。袖片粒子间距改为5mm，前后裙片粒子间距设置为8mm。同时删除裙片上的折叠线，使活褶更加自然。

4. 面料纹理设置

本款连衣裙选用纯色绵绸面料，颜色设置为正红色。为表现服装的华丽感，设置面料的亮闪效果，选中物体窗口的【Cotton_Sateen】面料类型，在【属性编辑器】中，设置【材质】→【类型】为【Glitter（Render Only）】。接着设置【闪光参数】中的【颜色】和【数量】，如图3-2-16所示。

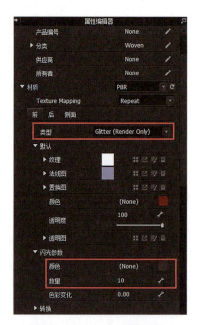

图3-2-16 面料纹理设置

（五）渲染

经过前述操作，基本完成了泡泡袖活褶连衣裙的虚拟试衣。将模特站姿改为H形站立。然后在主菜单中找到【渲染】下的【渲染】选项，弹出【Render】窗口，点击窗口中间的【点击此处激活渲染】即可加载出渲染界面，最终渲染效果如图3-2-17所示。

图3-2-17　泡泡袖活褶连衣裙渲染效果

二、旗袍

（一）板片准备

1. 旗袍款式图

选择传统合体旗袍，前后腰部收省，短袖，元宝立领，大小襟设计，襟型为曲襟，设9粒一字形盘扣，长度及脚踝，款式如图3-2-18所示。

2. 旗袍纸样

在服装CAD软件中绘制160/84A号型的旗袍结构图，并生成净板纸样，且纸样中包含剪口、标记线、内部线等信息，导出为DXF文件备用。

（二）板片导入及缝制

1. 板片导入

在图库窗口中选择并双击打开一名女性模特，并设置身高为160cm、胸围84cm、腰围68cm、臀围90cm。单击菜单栏中【文件】→【导入】→【DXF（AAMA/ASTM）】，导入旗袍的DXF格式文件。

2. 安排板片

（1）补齐全部板片。首先使用【调整板片】工具，补齐袖片。然后使用【编辑板片】工具将后片和领片【展开】，得到完整板片。继续使用【调整板片】工具，将全部板片排放到2D窗口虚拟模特剪影的相应位置，如图3-2-19所示。

（2）3D窗口中打开安排点。点击3D工具栏中【重置2D安排】（■）工具，使3D窗口内的板片布局与2D窗口一致。单击3D窗口左侧快捷菜单栏的【显示安排点】按钮，打开安排点。若发现安排点与模特不匹配，则需要打开【虚拟模特编辑器】→【安排】点击【所有安排板安排在虚拟模特上】（■）按钮，使得安排点与模特相适应。

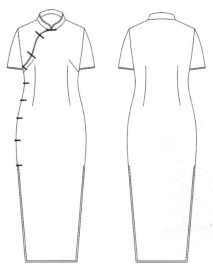

扫一扫
看操作视频

图3-2-18　旗袍款式图

（3）安排板片。按照从上到下、从前到后的顺序安排板片。将全部板片安排至模特相应位置，安排效果如图3-2-20所示。

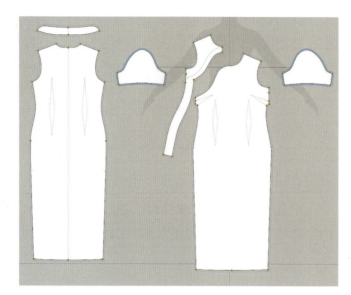

图3-2-19　安排旗袍板片　　　　　图3-2-20　旗袍板片
安排在虚拟模特上

3. 虚拟缝合

（1）省道处理。衣身腋下省道和菱形腰省需要先做镂空处理。使用【勾勒轮廓】工具，按住【Shift】键同时用鼠标依次点选腰省和腋下省边线，接着点击鼠标右键，选择【勾勒为内部图形】，将基础线转化为内部线。使用【编辑板片】工具选中腋下省边线，鼠标右键点击【切断】，并将切下的锥形板片删掉，从而完成腋下省的处理。使用【调整板片】工具点击菱形省，点击右键选择【转换为洞】，从而完成菱形腰省的处理，如图3-2-21所示。后片省道处理方法相同。

（2）缝合省道。使用【线缝纫】工具将全部省道快速缝合，如图3-2-22所示。

（3）缝合肩线、大小襟、衣身侧缝。继续使用【线缝纫】工具缝合肩线。切换至【自由缝纫】工具，缝合衣身侧缝。注意后片右侧缝线应与小襟的左侧缝线缝合，缝合止点为裙开衩点，如图3-2-23所示。

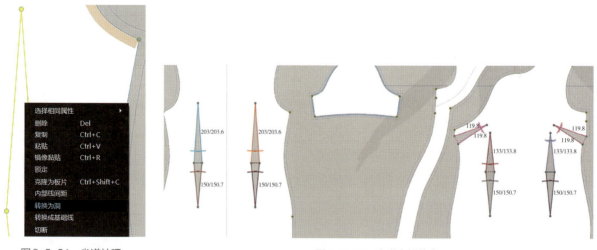

图3-2-21　省道处理　　　　　　　　　图3-2-22　省道虚拟缝合

缝合大小襟时，应先使用【勾勒轮廓】工具将小襟内部的曲襟基础线转化为内部线，再将其与大襟缝合，如图3-2-24所示。

（4）绱领子、袖子。使用【自由缝纫】工具将袖山弧线与袖窿弧线缝合，注意左、右袖的区分以及缝合线的方向。

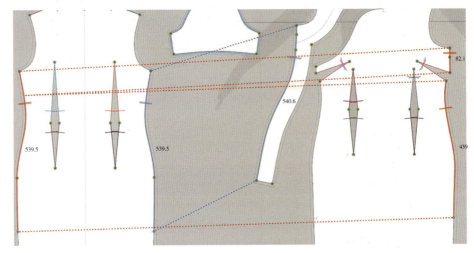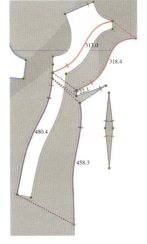

图3-2-23　缝合衣身侧缝　　　　　　　　　　　　　图3-2-24　缝合大小襟

（三）旗袍细节处理

1. 模拟试穿

点击【模拟】按钮，进行试穿。若小襟裸露在外面，可以在模拟状态下用鼠标将其向内拖拽调整。或者设置大襟的层为1，再次模拟稳定后，再将大襟的【层】改为0。对于不平整的部位同样通过鼠标拖拽调整，模拟效果如图3-2-25所示。

2.制作绲边

旗袍绲边兼具功能性和装饰性，一方面是包裹布料毛边的功能性，另一方面是通过色彩和粗细的搭配达到装饰性的目的。绲边主要分布在旗袍的领口、袖口、门襟、下摆及开衩位置。旗袍绲边的制作在工艺中有绲、嵌、镶、宕等，在虚拟绲边的制作中，一般是通过在布片边缘根据绲边宽度剪切缝合的方式来表现。

图3-2-25　旗袍模拟

该款旗袍为单绲边，宽度设计为5mm。通过生成5mm内部线并剪切缝纫的方式制作绲边。使用【编辑板片】工具选择领子的领外口弧线，点击鼠标右键，选中该内部线，选择【剪切＆缝纫】功能，得到绲边。以同样方法制作袖口绲边。

对于门襟和下摆开衩的绲边，首先要使用【加点/分线】工具在衣片前颈点右侧5mm、前后片下摆开衩点处分别加点。然后使用【编辑板片】工具，按住【Shift】键，依次选择大襟门襟、大襟左侧缝线、下摆线、大襟右侧缝开衩线、后片侧缝开衩线，最后生成间距为5mm的内部线，如图3-2-26所示。对于无法切断的部分补齐内部线段。开衩点位置通过画内部线构建出绲边宝剑头造型。若在内部线剪切时出现了如图3-2-27所示的无法剪切的问题，则是因为内部线段两个点重合，形成了空心点。这时需要将空心点框选，然后点击鼠标右键选择【合并点】，使之成为实心点再进行剪切，如图3-2-28所示。绲边剪切缝纫操作后的2D板片如图3-2-29所示。

图3-2-26 生成5mm内部线

图3-2-27 无法剪切的情况

（四）旗袍面料设置

1. 调整粒子间距

粒子间距对面料的表现影响较大，一般较小的板片粒子间距要小。该款旗袍的领子和绲边的粒子间距调整为5mm，其余板片调整为

图3-2-28 合并点

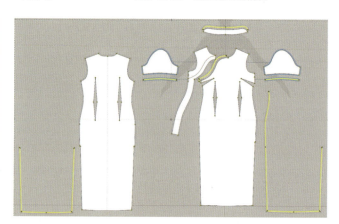

图3-2-29 绲边剪切缝纫操作

10mm。为了使领子呈现立体粘衬效果，领子及领口绲边要进行硬化操作。

2. 设置面料渲染厚度

由于工艺设计，绲边厚度略厚于旗袍衣身面料厚度。全选绲边后，设置【增加厚度－渲染（毫米）】为1.5mm，其余板片的【增加厚度－渲染（毫米）】设置为1mm。

3. 设置面料材质和颜色

在物体窗口的织物选项卡下增加新的织物类型【Fabric 2】。将全部绲边选中，在【属性编辑器】中，选择【织物】→【织物】下拉选项，点击织物类型【Fabric 2】，从而使得全部绲边应用了织物类型【Fabric 2】。

接着，设置【Fabric 1】和【Fabric 2】的材质。选择【图库窗口】→【Fabric】→【Silk_Faille（罗锦缎）】拖拽至物体窗口的织物类型【Fabric 1】上，选择【图库窗口】→【Fabric】→【Silk_Charmeuse（真丝素绉缎）】拖拽至物体窗口的织物类型【Fabric 2】上。在物体窗口的颜色属性中设置衣身和绲边的颜色，效果如图3-2-30所示。

4. 制作提花效果

面料的提花效果是通过贴图实现的，操作方法主要有以下步骤：

（1）准备好四方连续的提花纹样图片，如图3-2-31（a）所示；

（2）选择物体窗口的【Silk_Faille】织物类型；

图3-2-30 设置面料材质和颜色后效果

（3）在【属性编辑器】中，找到【反射】→【表面粗糙度】，选择表面粗糙度的【贴图】下拉选项；

（4）点击贴图后面的按钮【▨】，打开对话框，选择准备好的提花纹样；

（5）根据3D窗口中提花纹样的效果，设置【强度】和【反射强度】属性，使3D服装的提花纹样达到设计所需的满意效果，如图3-2-31（b）所示，最终提花效果如图3-2-32所示。

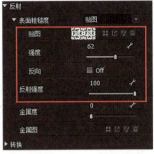

（a）四方连续提花图案　　　　　（b）提花图案应用方法

图3-2-31　提花效果制作

图3-2-32　提花应用效果

5.自定义盘扣

该款旗袍使用一字盘扣闭合门襟。一字盘扣模型为预先在第三方建模软件中构建的OBJ文件，模型如图3-2-33所示。

图3-2-33　盘扣OBJ文件

（1）盘扣模型调整。在进行盘扣自定义之前需要对其进行大小和空间位置的调整。点击【文件】→【导入（增加）】→【OBJ】，选择需要导入的盘扣OBJ文件，在弹出的【Add OBJ】对话框中，选择增加附件，然后点击确定。模型导入后，点选模型并在【属性编辑器】中勾选【规格】→【比例】→【固定比例】，然后设置X、Y、Z值，使盘扣模型接近实际盘扣尺寸，如图3-2-34所示。

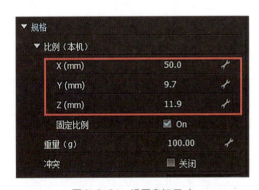

图3-2-34　设置盘扣尺寸

（2）调整盘扣空间位置。3D窗口中选中盘扣模型，鼠标左键按住坐标轴上的方框，将盘扣移动到地面网格中心位置，如图3-2-35所示。最后将调整好的盘扣模型导出为OBJ文件。

（3）盘扣自定义。在物体窗口的纽扣选项卡下增加一个纽扣类型【Button1】，选中纽扣类型【Button1】，在【属性编辑器】中，点击【图形】右方的【＋】按钮，弹出自定义纽扣对话框。在对话框中输入盘扣名称，选择缩略图，设置纽扣宽度、厚度，加载盘扣OBJ文件，点击确认后，弹出【创建纽扣预设】对话框，则说明纽扣自定义成功，如图3-2-36所示。

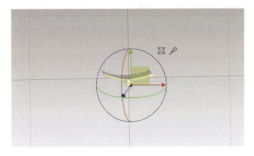

图3-2-35　调整盘扣空间位置

创建成功的盘扣可以在【属性编辑器】的【图形】下拉纽扣预选框中找到，点选盘扣缩略图，使用纽扣工具即可在3D窗口中添加盘扣。如图3-2-37所示为盘扣经过角度调整后的应用效果。

（五）旗袍渲染

经过前述操作，基本完成了旗袍的虚拟试衣。在主菜单找到【渲染】下的【渲染】选项，在渲染界面点击最终渲染，效果如图3-2-38所示。

图3-2-36　盘扣自定义

图3-2-37　调整后盘扣应用效果

图3-2-38　旗袍渲染效果

第三节　裤装设计与表现

一　运动裤

（一）板片准备

1. 运动裤款式图

男式运动长裤，腰部有松紧和抽绳，裤脚松紧收口，双侧斜插袋设计，款式如图3-3-1所示。

2. 运动裤纸样

在服装CAD软件中绘制170/74A号型的男式运动裤结构图，并生成净板纸样，且纸样中包含剪口、标记线等信息，导出DXF文件备用。

（二）板片导入及缝制

1. 板片导入

在图库窗口中选择并加载一名男性模特，并根据服装号型，编辑模特的身高为170cm。单击菜单栏中【文件】→【导入】→【DXF（AAMA/ASTM）】，导入运动裤的DXF文件。

扫一扫
看操作视频

图3-3-1　运动裤款式图

2. 安排板片

（1）安排板片之前，先将全部板片补齐。选中前后裤片、口袋布，右键点击【对称板片（板片和缝纫线）】补齐。继续使用【调整板片】工具，将全部板片排放到2D窗口虚拟模特剪影的相应位置，如图3-3-2所示。

（2）安排腰头板片。使用3D工具栏中【重置2D安排】（ ）工具，使3D窗口内的板片布局与2D窗口的一致，并打开安排点。对于有两层以上板片的部位，可以先安排内层，再安排外层。例如，运动裤松紧腰头包括较短的内层板片和较长的外层板片，此时应先安排较短的内层腰头，再安排外层腰头。

（3）安排口袋布。斜插袋口袋布有上、下两片，根据缝纫工艺可知，无斜切角的口袋布在下层，有斜切角的口袋布在上层。以右侧口袋为例，先安排下层口袋布，再安排上层口袋布，均对应右侧髋关节安排点。

（4）安排前、后裤片。右前裤片对应模特右膝前方安排点。另外，还可以使用定位球调节裤片的前后位置，最终使得前裤片位于口袋布的上层。使用同样方法安排后裤片，至此完成所有板片的安排，如图3-3-3所示。

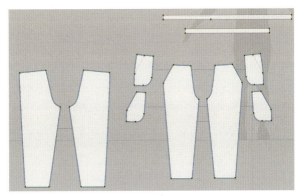

图3-3-2　2D窗口安排板片

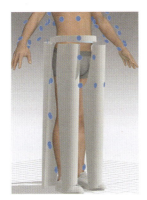

图3-3-3　安排裤片

3. 虚拟缝合

（1）线缝纫缝合。首先使用线缝纫缝合简单的线段。使用【线缝纫】工具缝合裤片的后中缝和前中缝、前片内侧缝线和后片内侧缝线，缝合裤脚处的内侧缝线以及外侧缝线时需要注意方向性切口以免缝纫线交叉。

（2）前、后裤片外侧缝线缝合。需要将后裤片外侧缝线与前斜插袋下层布侧边线和前片外侧缝线缝合，属于1 : 2缝合关系。使用【自由缝纫】工具依次点击后裤片外侧缝线的上端点（A点）、下端点（B点），按住【Shift】键，接着依次点击前片斜插袋下层布外侧缝线上端点（C点）、下开口止点（D点）、前裤片外侧缝线上端点（E点）、下端点（F点），松开【Shift】键结束，如图3-3-4所示。

（3）缝合口袋。斜插袋的缝合包括三对缝合线：一是使用【自由缝纫】工具缝合上层口袋布与下层口袋布外轮廓，使之形成口袋；二是使用【线缝纫】工具将上层口袋布的斜边与前裤片相应位置口袋斜边缝合；三是使用【自由缝纫】工具将上层口袋布的上边线固定到前裤片腰围线，如图3-3-5所示。

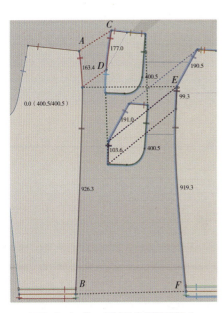

图3-3-4　前、后裤片外侧缝线缝合

（4）缝合腰头。使用【自由缝纫】工具，先从左到右点击缝纫内层腰头下边线，然后长按【Shift】键从左到右依次点击右后片腰线、右前下层口袋、右前片腰线、左前片腰线、左前下层口袋、左后片腰线，最后松开【Shift】键完成腰头缝合。外层腰头直接使用【自由缝纫】工具将其上下边线分别缝合到内层腰头上即可，注意缝合腰头的侧缝，如图3-3-6所示。

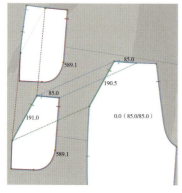

图3-3-5 缝合口袋

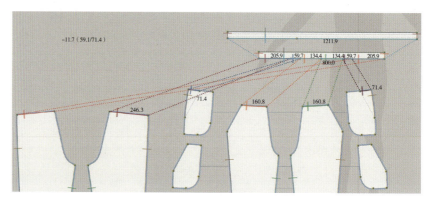

图3-3-6 缝合腰头

（5）模拟。模拟前，查看3D板片是否安排正确，缝线是否缝合完整、正确。为达到更好的模拟效果，暂时只模拟内层腰头，可以反激活外层腰头，使其暂时不参与模拟。最后点击【模拟】按钮，使服装穿着到模特身上。

（三）运动裤的细节处理

1. 内层腰头调整

模拟后的腰头可能会出现不合体、变形等情况，此时要在3D窗口中选中内层腰头，在【属性编辑器】中找到【粘衬/削薄】，点击左侧的下拉三角，在展开的选项中勾选【粘衬】，粘衬后的腰头颜色为肉粉色。反激活除内层腰头之外的全部板片，单独模拟内层腰头，并在模拟状态下用鼠标拖拽调整腰头使其处于模特腰线位置，注意腰头左右、前后要处于水平状态。调整规整后【冷冻】内层腰头。最后选择腰头以下的全部衣片，将其【激活】后打开模拟，调整裤子外形，效果如图3-3-7所示。

2. 松紧收口裤脚制作

（1）勾勒基础线。使用2D窗口工具栏的【勾勒轮廓】工具点选裤脚板片的两条基础线，单击鼠标右键，选择【勾勒为内部线/图形】，将基础线勾勒为可以编辑的内部线，如图3-3-8所示。

图3-3-7 调整裤子外形

（2）裤脚翻折。在3D窗口工具栏中选择【折叠安排】（▣）工具，使用该工具选中裤脚边缘向内折叠的折痕线，出现蓝色圆环，鼠标放在需要折叠的那面所对应的箭头上，按住鼠标左键，移动鼠标，将裤脚边向内折叠成锐角。注意折叠角度不要太大，尽量不要出现过多的面料交叉。折叠完

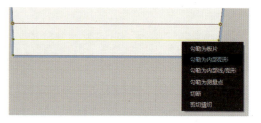

图3-3-8 勾勒基础线

成后，在2D窗口中使用【线缝纫】工具将裤脚下边线与对应的内部线缝合，如图3-3-9所示。

（3）设置内部线弹性。在CLO 3D中，抽褶效果是通过设置线段的弹性来表现的。同时选中裤脚的两条内部线和裤脚板片上下边缘线，在【属性编辑器】中，勾选【弹性】选项，将比例滑块设置为60%左右，比例越小，收缩幅度越大。设置弹性后，打开模拟，查看并调整模拟效果。

（4）设置裤片冲突和粒子间距。20mm的默认粒子间距无法表现裤脚的抽褶效果，应将裤脚板片的粒子间距设置为5mm或3mm。同时，在【属性编辑器】中找到【增加厚度－冲突（mm）】选项，将其改为1。打开模拟，查看、调整裤脚模拟效果，如图3-3-10所示。

图3-3-9　裤脚翻折

3. 运动裤松紧腰头制作

前面已经完成了外层腰头板片的缝合，接下来对外层腰头进行模拟。

（1）内部线弹性设置。使用【勾勒轮廓】（）工具将外层腰头板片的两条基础线和圆形气眼基础线【勾勒为内部图形】，如图3-3-11所示。选中外层腰头的两条内部线，在【属性编辑器】中找到【弹性】选项并勾选，设置弹性比例为60%。

图3-3-10　调整裤脚模拟效果

（2）模拟外层腰头。在3D窗口中，鼠标点击外层腰头，点击右键，选择【激活】。打开模拟，等待外层腰头达到稳定状态，若出现外层腰头与内层腰头交叉不稳定的情况，可以将外层腰头的【层】设置为1，模拟后自动实现内层与外层腰头的分层，并将该板片的层改回为0。接着选中外层腰头，在【属性编辑器】中设置【粒子间距】为3mm或5mm，使得外层腰头的抽褶更加细腻、丰富，如图3-3-12所示。外层腰头抽褶的多少与板片长度有很大关系，板片越长，缩缝量越多，抽褶就越多。

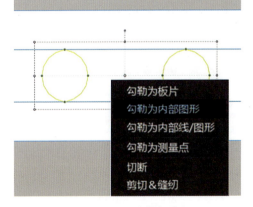

| 勾勒为板片 |
| 勾勒为内部图形 |
| 勾勒为内部线/图形 |
| 勾勒为测量点 |
| 切断 |
| 剪切＆缝纫 |

图3-3-11　勾勒气眼

（3）制作腰头气眼。选中两个内部圆，鼠标点击右键，选择【剪切＆缝纫】选项。将剪切下来的圆形板片的粒子间距设置为1mm。继续选择圆形板片外轮廓，点击鼠标右键，选择【内部线间距】，在弹出的对话框中设置间距为2mm，如图3-3-13所示。

在3D窗口中，选择外层腰头，将其【反激活（板片和缝纫线）】，然后在圆形气眼上边缘处按住W键同时点击左键，添加固定针。接着将圆形气眼硬化，打开模拟，使其达到稳定状态，如图3-3-14所示。最后使用【调整板片】工具选择气

图3-3-12　模拟外层腰头

眼的内部圆，点击鼠标右键，选择【转换为洞】选项，如图3-3-15所示。

3D窗口中，将制作好的气眼冷冻，防止变形。在物体窗口增加新的织物【Fabric 1】，并将【Fabric 1】织物拖拽到两个气眼上，使得气眼使用【Fabric 1】材质，接着选中物体窗口中的Fabric 1织物，在下方【属性编辑器】中设置【属性】→

图3-3-13　设置气眼内部线间距

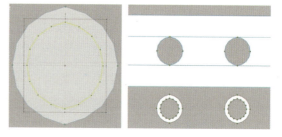

图3-3-14　圆形气眼硬化　　　　　　　图3-3-15　制作气眼

【类型】→【Metal】，将气眼材质设置为金属材质。注意制作好的气眼不能解冻，否则会发生形变。

（4）腰头抽绳的制作。CLO 3D系统提供了成品抽绳，可以直接使用。在图库窗口中，双击【Hardware & Trims】，在下方窗口中找到并双击打开【Cords & Cord Ends】文件夹，找到"Cord_02.Zpac"文件，通过鼠标左键拖拽到工作区或者以点击鼠标右键选择【增加到工作区】的方式，将该抽绳添加到工作区。在3D窗口中，用鼠标点击气眼内的内层腰头板片，根据点击的蓝色点，在2D窗口板片对应的位置绘制1mm长的水平内部线，如图3-3-16所示。接着将绘制的内部线与抽绳板片的上边缘缝合，最后在3D窗口中调整好抽绳位置，打开【模拟】，使抽绳自然垂落，如图3-3-17所示。

图3-3-16　腰头气眼制作　　　　　　　　　　　　图3-3-17　抽绳制作

（四）运动裤面料设置

在界面左侧的【图库窗口】中找到适合运动裤的【Knit_Fleece_Terry】羊毛针织面料，将其拖拽到物体窗口的面料选项卡下的面料选项中，可以看到在3D窗口中的运动裤已经使用了该面料。

（五）运动裤渲染

经过前述操作，基本完成了运动裤的三维数字化设计。接下来通过渲染可以获得更加立体、逼真的三维视觉效果。在主菜单找到【渲染】下的【渲染】选项，弹出【Render】窗口，点击窗口中间的【点击此处激活渲染】即可加载出渲染界面，如图3-3-18所示。

图3-3-18 运动裤渲染效果

二 牛仔裤

（一）板片准备

1.牛仔裤款式图

该款式为女士直筒牛仔裤，腰头有5个串带，腰头缝有皮标。双侧月牙形斜插袋设计，有后贴袋和育克设计，缉明线，款式如图3-3-19所示。

2.牛仔裤纸样

在服装CAD软件中绘制女士牛仔裤结构图，并生成净板纸样，且纸样中包含剪口、标记线等信息，导出DXF文件备用。

（二）板片导入及缝制

1.板片导入

在图库窗口选择一名女性模特，选择与牛仔裤搭配的平底休闲鞋。单击菜单栏中【文件】→【导入】→【DXF（AAMA/ASTM）】，导入牛仔裤的DXF格式文件。

2.安排板片

（1）补齐全部板片。首先对后育克、后裤片、后贴袋板片使用【对称板片（板片和缝纫线）】功能进行补齐。对于前裤片和前口袋布板片，按【Ctrl+C】复制板片，单击鼠标右键，在弹出菜单中选择【镜像粘贴】，将复制出的板片放置在合适位置，从而将全部板片补齐。最后调整板片到模特剪影位置，如图3-3-20所示。

（2）安排各个板片。与运动裤的板片安排类似，先选中腰头，点击模特腰部后中的安排点；选中前裤片，点击膝盖处安排点，前门襟板片放在模特前中相应位置；选中后裤片，点击膝盖后方安排点；选中育克，点击臀部安排点；选中前插袋布板片，点击模特髋关节处安排点，并用定位球调整至裤片在上、口袋布在下。串带和后贴袋暂不做安排，如图3-3-21所示。

扫一扫看操作视频

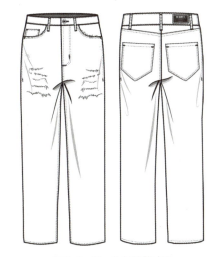

图3-3-19 牛仔裤款式图

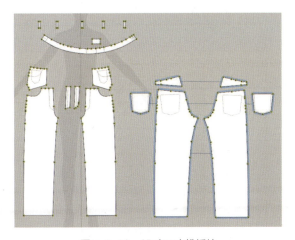

图3-3-20 2D窗口安排板片

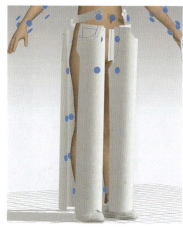

图3-3-21　3D窗口安排板片

3.虚拟缝合

（1）缝合月牙形前插袋与前裤片。选择【自由缝纫】工具分别缝合口袋布与前裤片在腰围线和侧缝线的部分，如图3-3-22所示。

（2）缝合前搭门板片和前中线。使用【自由缝纫】工具，依次缝合下层搭门板片与右前裤片、月牙形上层搭门板片与左前裤片。在缝合月牙形上层搭门板片与左前裤片时，要先将右前裤片上月牙形基础线转化为内部线，再进行缝合。最后使用【自由缝纫】工具缝合左、右前裤片的前中线，如图3-3-23所示。

（3）缝合后育克与后裤片、后贴袋、后中线。使用【自由缝纫】工具分别缝合后育克与后裤片、后中线。缝合后贴袋时，将后裤片上的贴袋基础线【勾勒为内部图形】，然后使用【自由缝纫】工具缝合内部口袋线与后贴袋板片，如图3-3-24所示。

（4）缝合前、后裤片的内、外侧缝线。缝合时注意要将前裤片内缝线与后裤片内缝线缝合，前裤片外缝线与后裤片外缝线缝合。缝合外侧缝线时，使用【M：N自由缝纫】模式，进行2：2关系的缝合，外侧缝的缝合如图3-3-25所示。

（5）缝合右前小贴袋。牛仔裤右前的小贴袋位于右前斜插袋内部。先将小贴袋基础线转化为内部线，然后使用【调整板片】工具选中小贴袋内部线，点击鼠标右键，选择【克隆为板片】。将克隆出的小贴袋板片放到空白位置。最后使用【自由缝纫】工具将小贴袋板片缝合到斜插袋板片上，并

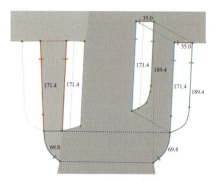

图3-3-22　缝合月牙形前插袋与前裤片　　图3-3-23　缝合前搭门板片和前中线

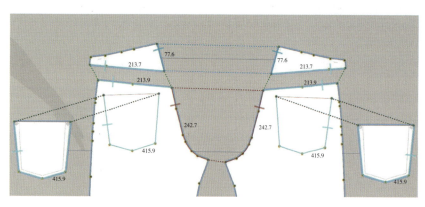

图3-3-24　缝合后育克与后裤片、后贴袋、后中线

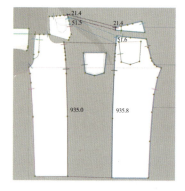

图3-3-25　缝合前、后裤片的
内、外侧缝线

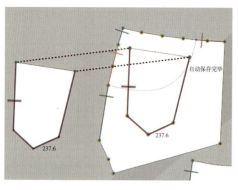

图3-3-26　缝合右前小贴袋

将小贴袋板片安排到3D窗口中前口袋布与右前裤片的中间位置，如图3-3-26所示。

（6）缝合前门襟。实物牛仔裤前门襟采用拉链闭合，由于此处拉链是隐蔽的，因此在虚拟试衣中，可以用缝线代替拉链进行闭合。将前门襟两个门襟板片内部的基础线转化为内部线后，直接使用【线缝纫】工具缝合两条内部线，如图3-3-27所示。

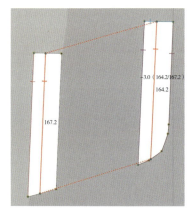

图3-3-27 缝合前门襟

（7）缝合腰头、串带和皮标。使用【自由缝纫】工具，先从左到右点击缝纫腰头下边线，然后长按【Shift】键从左前裤片前门襟处开始依次点击缝合左前裤片、左前口袋布（注意口袋布与裤片重合线不需要重复缝纫）、左后育克、右后育克、右前口袋布、右前裤片以及与右前裤片在前中拼合的门襟板片，最后松开【Shift】键完成腰头缝合，如图3-3-28所示。该款牛仔裤有5个串带，要根据裤片中标记的基础线位置和腰头上的剪口位置判断串带缝合位置。缝合皮标时，使用【勾勒轮廓】工具将腰头板片上的矩形皮标基础线以及皮标板片上的矩形基础线勾勒为内部线，再使用【自由缝纫】工具将矩形皮标板片与腰头上的矩形内部线缝合，如图3-3-29所示。

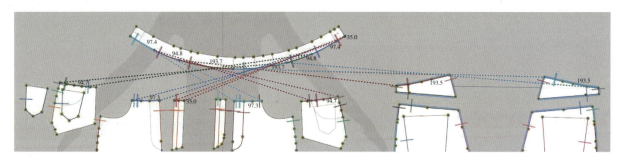

图3-3-28 缝合腰头

（8）模拟。模拟前，查看3D窗口中3D板片是否安排正确，缝线是否缝合完整、正确。为方便模拟，在模拟前将串带、皮标、后贴袋反激活，使其暂时不参与模拟。最后点击【模拟】按钮，使服装穿着到模特身上。

（三）牛仔裤的细节处理

1. 调节前门襟板片的上、下层关系

初步模拟的牛仔裤，在门襟位置，可能会出现底层门襟处于外层的现象，可以在【模拟】打开的状态下，使用鼠标左键进行拖拽调整。若拖拽不能解决，则可以将左前裤片和内层月牙形贴边同时选中设置为

图3-3-29 缝合皮标

1层，结合使用拖拽方式，便可以将门襟的上、下层分开。同时也要注意门襟反面的情况，可将模特隐藏，旋转视角到门襟反面，观察是否平整，若不平整，同样使用鼠标拖拽方式解决。

2. 腰头搭门纽扣制作

系纽扣包括纽扣和扣眼。在3D窗口工具栏中找到并点击【纽扣】（⊕）按钮，在2D窗口中，左键点击腰头板片右端的十字形纽扣标记位放置一颗纽扣。此时的纽扣属于【物体窗口】纽扣选项卡下的

【Default Button】纽扣分组。点击【Default Button】纽扣组，在下方【属性编辑器】中，选择合适的纽扣图形，并根据设计需要设置其宽度、厚度，并在【属性】项目中将【类型】改为【Metal】金属材质，颜色改为古铜色，如图3-3-30所示。同样在腰头板片左端标记位置添加扣眼。另外，可以选中【物体窗口】下的扣眼选项卡中的相应扣眼分组【Default Buttonhole】，在下方的【属性编辑器】中修改扣眼的【图形】、【宽度】和【颜色】等属性。

系纽扣时，选择3D窗口工具栏中的【系纽扣】（■）工具，直接使用该工具点击纽扣，移动鼠标出现灰色箭头，继续点击扣眼即可完成系纽扣。最后打开【模拟】，鼠标调整搭门细节，使纽扣处于稳定状态。

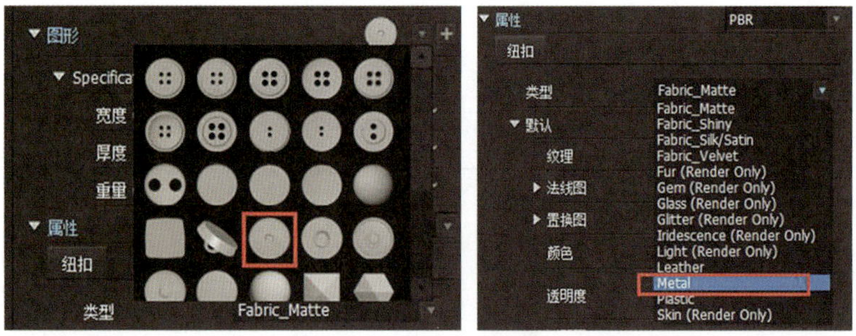

3. 模拟串带、皮标、后贴袋

按住【Shift】键，3D窗口中依次选中串带、皮标、后贴袋板片，鼠标右键点击【激活】选项激活各个板片。继续在选中状态下，点击鼠标右键，点击【添加到外面】，板片会自动移动到相应位置，如图3-3-31所示。打开【模拟】，即可完成串带、皮标、后贴袋的模拟。

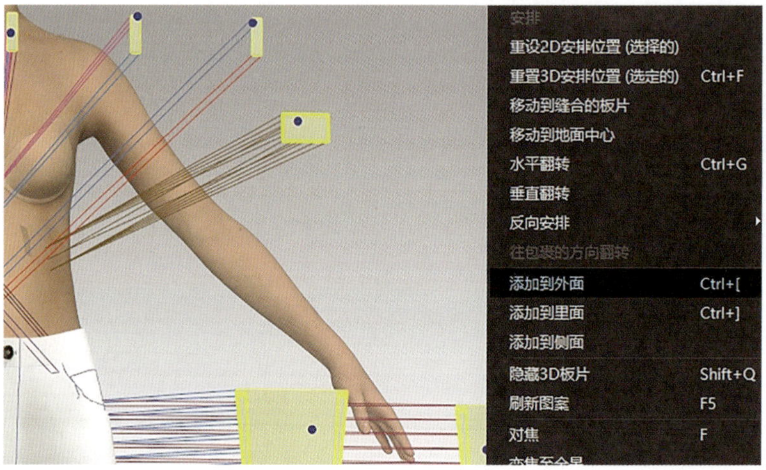

目前为止，已完成所有板片的缝合和初步试穿，模拟状态下再次调整裤子廓型，使腰头处于水平状态，前、后裤片褶皱均匀，视觉美观。

图3-3-30 纽扣属性设置

图3-3-31 模拟串带、皮标、后贴袋

（四）牛仔裤面料设置

1. 牛仔面料制作

在物体窗口中点击织物选项卡下的【Default Fabric】面料分组，在下方【属性编辑器】→【物理属性】→【预设】中点击选择【Denim_Raw】牛仔布面料材质，打开【模拟】，在3D窗口中可以看到牛仔裤的廓型变化。双击【图库窗口】的【Fabric】选项，在面料库中找到【Leather_Lambskin】织物，并用鼠标左键拖拽至【物体窗口】的织物选项卡下，添加小羊皮面料分组。点击皮标板片，在【属性编辑器】→【织物】→【织物】中选择【Leather_Lambskin】，从而将皮标的面料材质修改为羊皮。

以上设置只改变了牛仔裤面料的物理属性，下面还需设置其面料纹理和法线贴图。选择物体窗口的【Default Fabric】面料分组，在下方【属性编辑器】中点击【属性】→【前】选项卡→【默认】→【纹理】，点击图3-3-32所示的按钮，弹出打开文件对话框，选择并打开本地提前准备好的四方连续牛仔正面面料JPG格式图片，用同样的方法设置【法线图】（法线图是表现面料立体凹凸效果的贴图）。继续在

【属性编辑器】中点击【属性】→【后】选项卡，取消勾选【使用和前面相同的材质】，然后点击【默认】→【纹理】的按钮，弹出打开文件对话框，选择并打开本地提前准备好的四方连续牛仔反面面料图片，并用同样的方法设置反面【法线图】，按【Shift+A】隐藏模特，可以看到贴图后的效果，如图3-3-33所示。由于牛仔裤腰头为双层面料，因此需在2D窗口选中腰头板片，点击右键，选择【克隆层（内侧）】，克隆出内层板片。在3D窗口中点击克隆出的内层腰头板片，点击右键，选择【表面翻转】，使得内层腰头正面朝外，并选中两层腰头，设置【属性编辑器】→【模拟属性】→【增加厚度-冲突（毫米）】数值为1mm，使其更平整服帖，腰头的模拟效果如图3-3-34所示。

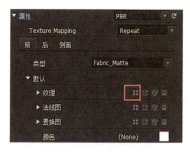

图3-3-32　牛仔裤面料属性编辑

图3-3-33　牛仔反面贴图效果

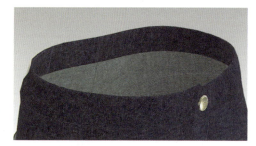

图3-3-34　腰头模拟效果

2. 皮标LOGO制作

（1）粒子间距设置与板片渲染厚度设置。一般在制作皮标之前，需要将已经制作好的牛仔裤提高品质。首先，设置粒子间距，将较小板片（如串带）的粒子间距设置为2mm左右，其余较大板片的粒子间距设置为10~15mm。然后设置板片的渲染厚度，设置3D板片的厚度可以使服装的层次感和立体感更加明显，整体效果也更为逼真。牛仔裤布料一般较厚，按【Ctrl+A】全选板片后将【增加厚度-渲染（毫米）】设置为1mm。

（2）皮标LOGO制作。法线贴图是表现数字化面料表面肌理的重要方法，可以通过设置皮标面料的法线贴图，制作皮标LOGO图案，达到凹陷或凸起的立体效果。下面介绍在皮标上制作【Jeans】字样的凹陷LOGO效果。在物体窗口中选择皮标所使用的面料分组【Leather_Lambskin】，在【属性编辑器】中，点击【属性】→【默认】→【法线图】选项中的按钮【 】，打开对话框，将当前的法线图在Photoshop软件中打开，并在图片中间位置输入"Jeans"，颜色为黑色，修改字体和字号。在Photoshop软件的菜单栏中，点击【滤镜】→【3D】→【生成法线图】，打开生成法线图对话框，按照图3-3-35所示，设置【模糊】和【细节缩放】参数，点击确定按钮，生成法线图，并存储为JPG格式图片。

回到CLO 3D界面，将【属性编辑器】

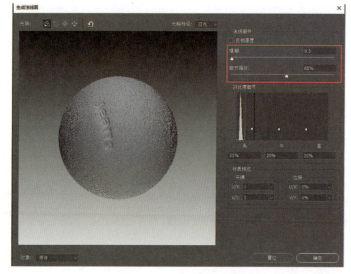

图3-3-35　生成法线图

中的【法线图】改为Photoshop制作的法线图，并点击【▨】按钮打开纹理编辑器，如图3-3-36所示。选中纹理编辑器中的法线图，调整图片大小和LOGO的位置，使得3D窗口中皮标上的LOGO字样达到满意效果，点击【Apply&Close】按钮确认关闭该窗口。若要改变皮标LOGO的凹凸，则只需设置【属性编辑器】中法线图下方的【强度】选项。强度为负数时，LOGO是凹陷效果；为正数时，LOGO是凸起效果。最终的皮标效果如图3-3-37所示。

3. 牛仔裤明线制作

结合实物牛仔裤，可以将牛仔裤的明线分为5种类型：距板片边缘2mm的单明线、处于缝纫线的单明线、距板片边缘2mm的双明线、裤脚距板片边缘15mm的双明线、打枣线迹。在物体窗口的明线选项卡下建立这5种明线类型。建立的方法是双击图库窗口中的【Hardware

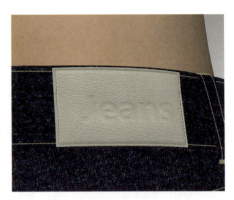

图3-3-36 调整图片大小和LOGO的位置

图3-3-37 最终的皮标效果

& Trims】，在下方窗口中找到并双击打开【Topstitch】文件夹。鼠标拖拽【Topstitch】文件夹中的【ISO_301_Lockstitch.sst】文件到物体窗口的【明线】（▨）选项卡下。点击【明线】（▨）选项卡下的【ISO_301_Lockstitch.sst】明线，点击鼠标右键选择【重命名】为"2mm单明线"，接着在【属性编辑器】中，修改【间距】左侧下拉三角中的数据为2mm，这里的【间距】属性是指明线到裁片边缘的距离。将【规格】→【线的粗细（Tex）】属性改为100，点击【颜色】属性后方的颜色块，打开颜色对话框，将明线颜色统一改为古铜色。

通过点击物体窗口中【复制】（▨复制）按钮的方式可以复制出"2mm单明线 Copy 1"，将复制出的明线重命名为"0mm单明线"，只需修改【间距】属性即可建立0mm单明线。

用同样的方式拖拽【Topstitch】文件夹中的【ISO_406_Two_Needle_Bottom_Coverstitch】明线到物体窗口，并重命名为"2mm双明线"，修改其间距、粗细、颜色等属性即可获得距板片边缘2mm的双明线类型，同样使用复制方式可以获得裤脚距板片边缘15mm的双明线。需要注意的是，系统中双明线的线距离默认为1.6mm，若需修改线距离，则需修改对应【属性编辑器】中【环境设置】→【线的数量】→【距离】属性，牛仔裤的双明线的线距离设置为5mm较为合适。

图库窗口没有提供打枣线迹，可以在物体窗口的明线选项中点击【增加】按钮，新建明线【Topstitch 1】，重命名为"打枣线迹"，并在【属性编辑器】中，将【规格】→【种类】修改为【Bartack】，设置其【间距】为2mm，颜色为古铜色。

明线类型建立后，根据实物牛仔裤的明线分布情况，使用2D窗口工具栏的【线段明线】（▨）工具和【自由明线】（▨）工具添加相应明线即可。其中，后贴袋明线，需先使用【勾勒轮廓】工具将板片上标示的缝纫基础线转化为内部线，再添加"0mm单明线"。打枣线迹用于串带两端、前门襟下端以及后裤片外侧缝线单明线下端，起到固定作用。牛仔裤的明线制作效果如图3-3-38所示。

金属材质的铆钉是牛仔裤必不可少的设计元素。在CLO 3D中，可以使用纽扣代替铆钉，在添加一粒常规纽扣后，根据设计需要修改该纽扣的【图形】、【宽度】和【颜色】，【类型】为金属材质【Metal】。使用【纽扣】按钮分别添加到后贴袋和前裤片斜插袋处，如图3-3-39所示。

图3-3-38 牛仔裤明线制作　　　　　　　　　　　　　图3-3-39 铆钉效果

4.牛仔裤洗水效果制作

洗水效果是牛仔裤的重要设计元素，在CLO 3D中，洗水效果通过贴图的方式表现。CLO 3D系统在【图库窗口】→【Hardware & Trims】→【Washing Texture】中提供了多种洗水风格贴图，可以根据设计需求，将鼠标放置于图片上，点击右键，选择【增加为贴图】，随后鼠标左键在牛仔裤相应位置点击，弹出【增加贴图】对话框，设置贴图尺寸后，即可添加贴图于裤片上。为达到较为逼真的洗水效果，应继续使用【调整贴图】工具选中该洗水贴图，在【属性编辑器】中，将【透明度】降低，使贴图颜色变淡。

（五）渲染

经过前述操作，基本完成了牛仔裤的三维数字化设计，通过渲染可以获得更加真实的三维效果，如图3-3-40所示。

图3-3-40 牛仔裤渲染效果

第四节　外套设计与表现

一 西装外套

扫一扫看操作视频

（一）板片准备

1.西装外套款式图

修身型女西装，单排一粒扣，平驳翻折领，六片衣身，前片设有腰省，合体型两片弯身袖，款式如图3-4-1所示。

2.西装外套纸样

在服装CAD软件中绘制西装外套结构图，并生成净

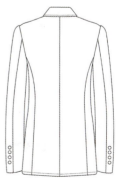

图3-4-1 西装外套款式图

板纸样，且纸样中包含剪口、标记线等信息，导出DXF文件备用。

（二）板片导入与缝制

1. 板片导入

在图库窗口中选择【Avatar】文件夹，在虚拟模特的缩略图中双击选择一名女性模特，导入西装的DXF格式文件。不需要缩放、旋转，勾选板片自动排列和优化所有曲线点选项，然后点击【确定】完成西装的DXF文件导入。

2. 里布的缝制

（1）冷冻面布板片。在缝制西装时，先进行里布的制作。在2D板片窗口，框选西装面布板片，被选中的板片将突出显示为黄色，单击鼠标右键，在弹出的对话框中选择【冷冻】，将面布板片进行冷冻处理。在3D窗口，冷冻的板片呈现浅蓝色。

（2）安排里布板片。在3D窗口，将鼠标悬停在【显示虚拟模特】（）图示上，单击【显示安排点】（），3D窗口虚拟模特周围将显示蓝色安排点。选择板片，被选中的板片将突出显示为黄色，使用3D工具栏中的【选择/移动】（）工具，点击并拖拉板片移动到安排点，如图3-4-2所示。

（3）克隆连动板片。选择板片，单击鼠标右键，在弹出的对话框中选择【对称板片（板片和缝纫线）】，生成对称板片，并在缝纫时连动生成对称位置的缝纫线，如图3-4-3所示。依次将西装里布板片克隆连动板片进行补全，连动的板片外围呈浅蓝色，板片之间通过蓝色细线连接。

（4）缝合里布板片。选择2D工具栏中的【线缝纫】（）工具缝制西装的里布板片，依次左键单击每条需要缝合的边。缝纫时需要注意方向性切口以免缝纫线交叉，此外，因为板片有归拔和吃势，在缝合过程中，注意对齐刀口。缝合袖子时，要注意前、后袖窿的区别。缝合完成后，旋转3D窗口虚拟模特，检查缝合线迹。

（5）模拟试穿。在3D工具栏中，选择【普通速度】（）工具进行模拟，等模拟稳定后，在3D窗口观察里布是否合身，使用3D工具栏中的【选择/移动】（）工具，在模拟状态下拖动不合身的衣片到合身的位置。然后使用2D工具栏中的【调整板片】（）工具，框选里布板片，在【属性编辑器】中将【粒子间距】调整为8mm，如图3-4-4所示，再次模拟，当模拟稳定后关闭模拟。

（6）后中缝褶处理。首先，解除后中左、右两里片的连动关系：单击鼠标右键，在弹出的对话框中选择【解除连动】，如图3-4-5，解除连动后板片周边的淡蓝色将消失；其次，使用2D工具栏中的【线缝纫】（）工具对后中缝进行缝合，缝合部位如图3-4-6所示，并在【属性编辑器】中将【缝纫线类型】

图3-4-2 安排里布板片

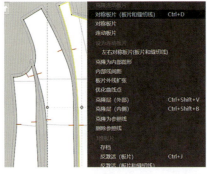

图3-4-3 克隆连动板片

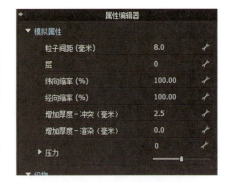

图3-4-4 粒子间距调整

修改为合缝（TURNED），如图3-4-7所示；然后，选择后中缝倒向，以向右倒为例，使用【自由缝纫】（　　）工具进行缝合，缝合方法如图3-4-8所示，同样将【缝纫线类型】修改为合缝（TURNED）；最后进行模拟，如果后中缝不是很服帖，可以使用【内部多边形/线】（　　）在右里片后中做一条内部线，长度如图3-4-9中红色标识所示，并将折叠角度修改为360°。

（7）冷冻里布。模拟结束后，框选所有里布裁片，单击鼠标右键，在弹出的对话框中选择【冷冻】，将里布进行冷冻，在进行面布缝合时，冷冻的里布不易发生形变。

3. 面布的缝制

（1）解冻面布。在对面布进行缝制前，需要将冷冻的面布先进行解冻。在2D窗口中框选西装面布板片，被选中的板片将突出显示为黄色，单击鼠标右键，在弹出的对话框中选择【解冻】。

（2）安排板片。在3D窗口，使用【选择/移动】（　　）工具，依次点击前片、后片、袖子并拖拉板片移动到安排点。注意先进行衣身和袖子的缝合，暂时不安排领子和口袋的板片。安排好的板片如图3-4-10所示。

（3）为了确保前中和前侧口袋位置缝合精准，在缝合之前，先进行口袋轮廓勾勒，使用2D工具栏【勾勒轮廓】（　　）工具，用鼠标左键单击口袋开口处的基础线，单击键盘上的【回车】键，即可将基础线勾勒为内部线，如图3-4-11所示。

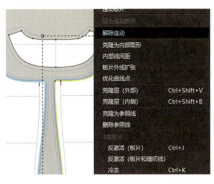
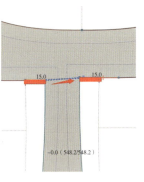

图3-4-5　解除后中左、右两里片的连动关系　　图3-4-6　后中缝缝合

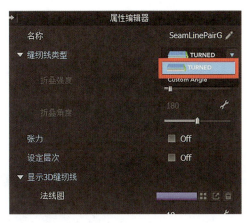
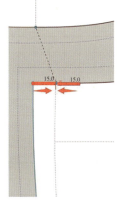

图3-4-7　后中缝缝纫线类型设置　　图3-4-8　后中缝褶缝合

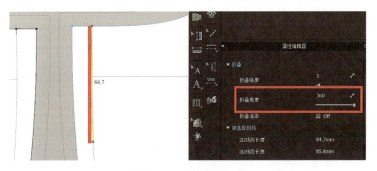

图3-4-9　后中缝褶处理

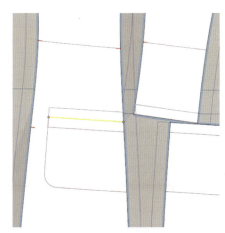

图3-4-10　面布板片安排　　图3-4-11　口袋轮廓勾勒

（4）缝合衣身板片和袖子板片。使用2D工具栏中的【线缝纫】（█）工具和【自由缝纫】（█）工具以及【M：N线段缝纫线】（█）工具依次缝合衣身侧缝、肩缝、袖子的侧缝。在缝合过程中，注意袖山与袖窿缝合时使用的【M：N线段缝纫线】工具具有方向性。

（5）模拟试穿。首先，在2D窗口，框选衣身与袖子，在【属性编辑器】中将【粒子间距】调整为8mm，层修改为1，设定层次后，板片会显示为荧光绿，如图3-4-12所示。模拟稳定后，使用3D工具栏中的【选择/移动】（█）工具微调模拟后的面布，使其与里布基本重合。

4. 面布与里布缝合

（1）衣身缝合。使用2D工具栏中的【线缝纫】（█）工具依次缝合面布与里布的领外围、前中部位，如图3-4-13所示的红色标注，并将缝合类型全部修改为合缝（TURNED），然后进行模拟。

（2）袖衩缝合。首先将袖衩的基础线勾勒为内部线，如图3-4-14所示；其次将大袖与小袖的袖衩进行缝合，如图3-4-15所示，并将缝合类型全部修改为合缝（TURNED）；然后进行模拟。注意小袖在大袖内侧，如果出现小袖压着大袖的情况，可以在【属性编辑器】中将大袖的层次设定为2。

5. 领子缝合

（1）安排板片。在3D窗口，依次选择领座和领面的板片，使用【选择/移动】（█）工具，单击对应的安排点安排板片，如图3-4-16所示。

（2）缝合领座、领面与衣身。使用2D工具栏中的【线缝纫】（█）工具依次缝合领座与领面（图3-4-17中的红色标注）、领座与衣身（图3-4-17中的绿色与橙色标注），使用【M：N自由缝纫】（█）工具缝合领座、领面与衣身（图3-4-17中的紫色标注）。在【属性编辑器】中将【粒子间距】修改为8mm，然后进行模拟。

（3）设置黏合衬。为了仿真制作时领子粘衬的效果，框选领座与领面，在【属性编辑器】中将【粘衬】勾选为【On】，并将预设修改为"Reinforcement（Under Collar）"，如图3-4-18所示。

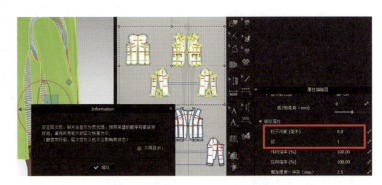

图3-4-12　设定衣身与袖子的层次

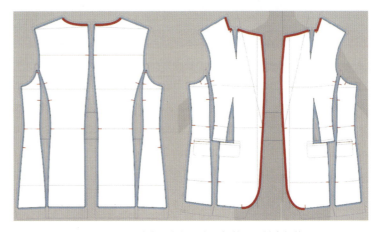

图3-4-13　缝合面布与里布的领外围、前中部位

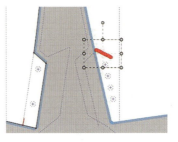

图3-4-14　勾勒袖衩的基础线为内部线

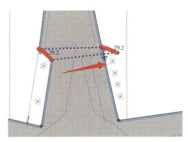

图3-4-15　袖衩缝合

图3-4-16　领子板片安排

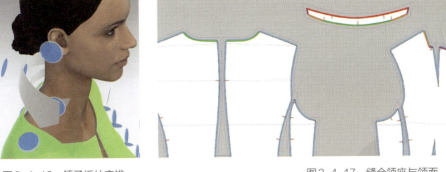

图3-4-17　缝合领座与领面

（三）西装外套细节处理

1.门襟纽扣制作

（1）框选里布与面布所有板片，在【属性编辑器】中将【层】修改为0，这样可防止翻折领面时因层次不同导致领面置于衣身内侧。

（2）框选里布所有板片，单击鼠标右键，在弹出的对话框中选择【解冻】，解冻所有里布板片。

（3）模拟状态下，在图库窗口打开【Avatar】文件夹，单击【Pose】子文件夹，将模特选择为站立姿势，如图3-4-19所示，在弹出的对话框中选择【只更换姿势（保持虚拟模特尺寸）】，其他选择默认选项，单击【确认】。

（4）选择3D工具栏中的【选择/移动】（ ）工具，在模拟状态下，拖拽西装裁片，使其前中重合。在3D工具栏中选择【固定到虚拟模特上】（ ）工具，单击西装右半身前中裁片，再次单击前中向左约2cm的虚拟模特，如图3-4-20所示，将衣片固定在虚拟模特上；单击模拟，如图3-4-21所示。

（5）制作门襟纽扣。在3D工具栏中选择【纽扣】（ ）工具，在右前片距离翻折止口2cm处单击，添加

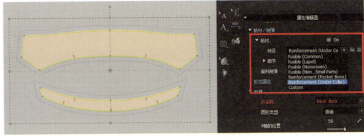

图3-4-18　设置黏合衬

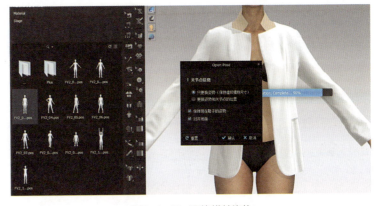

图3-4-19　更换模特姿势

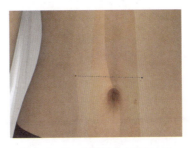

图3-4-20　在模特身上确定衣片固定位置

图3-4-21　将衣片固定在虚拟模特上

纽扣，如图3-4-22所示。然后在3D工具栏中选择【选择/移动纽扣】（ ）工具，用鼠标右键单击上一步添加的纽扣，在弹出的对话框中选择【设置缝纫的层数】，如图3-4-23所示，弹出【设置缝纫的层数】对话框，将层数修改为2，在2D板片窗口出现一条虚线并将面布与里布的纽扣位置固定。

（6）制作扣眼。采用同样方法，使用【扣眼】（ ）工具添加西装的扣眼。在左前片距离翻折止口2.5cm处单击，添加扣眼，如图3-4-24所示。然后将扣眼层数修改为2，如图3-4-25所示，在2D板片窗口出现一条虚线并将面布与里布的扣眼位置固定。

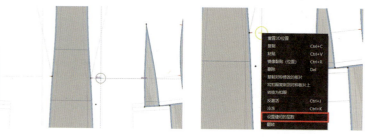

| 图3-4-22　添加门襟纽扣 | 图3-4-23　设置纽扣的缝纫层数 |

调整扣眼方向。如图3-4-26左图所示，默认的扣眼圆头朝左，但在实际制作过程中，扣眼圆头朝向纽扣方向，使用【选择/移动纽扣】（ ）工具，用鼠标右键单击扣眼，在【属性编辑器】中，将角度修改为180°，修改后的扣眼如图3-4-26右图所示。

| 图3-4-24　添加扣眼 | 图3-4-25　设置扣眼的缝纫层数 |

图3-4-26　调整扣眼方向

（7）系纽扣。选择【扣眼】（ ）工具，依次用鼠标左键单击纽扣和扣眼，然后选择模拟，将纽扣与扣眼系在一起，如图3-4-27所示。根据实际系纽扣效果，使用【选择/移动纽扣】（ ）工具，右键单击扣眼，在【属性编辑器】中将【系的位置】修改为"8~15"范围内，如图3-4-28所示。单击模拟，完成系纽扣。

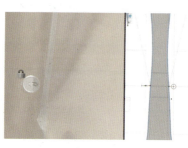 

| 图3-4-27　系纽扣 | 图3-4-28　调整系纽扣的位置 |

2. 翻折驳领

（1）使用【勾勒轮廓】（ ）工具，按住【Shift】键，依次用鼠标左键单击选择面布与里布左、右前片的翻折线，单击【回车】键，将基础线勾勒为内部线，如图3-4-29所示。

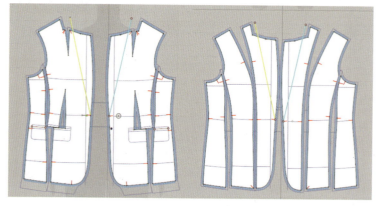

图3-4-29　勾勒翻折线为内部线

在3D视窗左侧工具栏内，打开【显示内部线】（图标），即可看到翻折线。

（2）参照领翻折线，使用2D工具栏中【内部多边形/线】（图标）工具在领面上绘制内部线，选择【编辑板片】（图标）工具，在绘制的内部线上单击鼠标右键，在弹出的对话框中选择【对齐到板片外线】，如图3-4-30所示。然后使用【编辑曲线点】（图标）工具调整内部线，使其呈弧形翻折线效果。

（3）使用3D工具栏中【折叠安排】（图标）工具分别翻折翻领、驳领面布和里布，如图3-4-31所示。最后进行模拟，模拟时可以将裁片硬化，模拟结束后解除硬化。

（4）为了使领的翻折更为圆顺，使用2D工具栏中【编辑板片】（图标）工具右键单击领面内部线，在弹出的对话框中选择【内部线间距】，如图3-4-32所示，弹出【内部线间距】对话框，如图3-4-33所示，将间距修改为"1.5~2mm"，选择【两侧】以及【内部线延长】，就生成了两条内部线。框选三条内部线，在【属性编辑器】中，将【折叠角度】修改为240°，并且关闭【折叠渲染】，如图3-4-34所示。再次模拟后效果如图3-4-35所示。驳头采用与领面相同的方法进行修改，此处不再赘述。

3. 袖山与袖窿

（1）在模拟过程中，袖窿会被拉长，如图3-4-36所示，使用2D工具栏中【编辑板片】（图标）工具，按住【Shift】键，依次选择前、后袖窿。在【属性编辑器】中可以看到3D线段长度

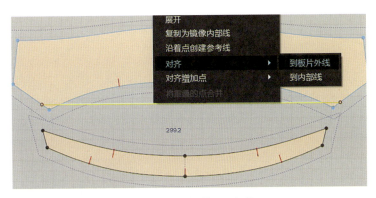

图3-4-30　绘制领面翻折线

图3-4-31　西服领翻折模拟

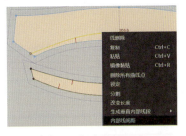

图3-4-32　绘制内部线

图3-4-33　内部线间距对话框

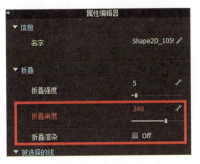

图3-4-34　调整折叠角度

图3-4-35　翻折效果

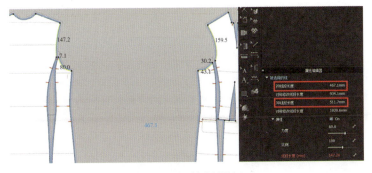

图3-4-36　袖窿被拉长

要长于2D线段长度，为了防止这种情况的出现，可将【弹性】打开，并且将比例修改为100，力度修改为50以上的数值，然后再次模拟。

（2）为了使效果更为逼真，可以给袖山弧线加牵条来处理吃势。使用【编辑板片】（）工具，按住【Shift】键，依次选择前、后袖窿弧线，长度为467.1mm，然后使用2D工具栏中的【长方形】（）工具绘制长467.1mm、宽10mm的长方形作为牵条，如图3-4-37所示，单击空白处，在弹出的【制作矩形】对话框中分别输入长和宽即可。然后使用【自由缝纫】（）工具将袖山与牵条进行缝合，如图3-4-38所示。注意缝合顺序，以及第3部分缝合选择时，红色线迹标注部分的大约高度与大袖左端持平。

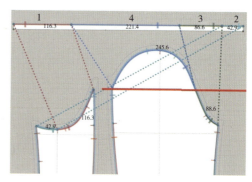

图3-4-37 制作矩形图   图3-4-38 牵条缝合

（3）将不参与模拟的领子、衣身面布与里布冷冻，在3D视窗中的工具栏中打开【显示安排点】，如图3-4-39所示，将牵条安排在肩部位置。在进行模拟时将牵条硬化，在【属性编辑器】中，将大袖与小袖的面布层数设置为1，在模拟时为了更好地观察模拟情况，可以选择隐藏大袖与小袖的面布，如图3-4-40所示。模拟稳定后，可以对其余裁片进行解冻，模拟后的效果如图3-4-41所示，可以对比左、右肩部的效果，加了牵条的肩部更为挺括。选择已经完成的牵条，单击鼠标右键，在弹出的对话框中选择【对称板片（板片和缝纫线）】，将另一边的牵条放置在大袖与小袖上方，并在3D视窗进行模拟，可以隐藏大袖观察模拟是否出现问题。

4. 垫肩制作

（1）按住【Shift】键，使用【调整板片】（）工具依次选择面布的前中板片和后中板片，如图3-4-42所示，单击鼠标右键，在弹出的对

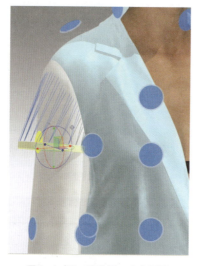

图3-4-39 冷冻领、衣身板片   图3-4-40 隐藏大、小袖面布

图3-4-41 模拟效果

话框中选择【克隆层（内侧）】，将克
隆的板片移动到上方，并且单击鼠标
右键，如图3-4-43所示，在弹出的
对话框中选择【解除连动】，解除板片
与原板片的连动关系，方便下一步的
操作。

（2）在2D工具栏中，选择【加点/
分线】（ ⊙ ）工具，在克隆的前中板片
肩线上，距离侧颈点1.5cm处加点，如
图3-4-44所示，在肩线单击鼠标右
键，在弹出的对话框中将线段1修改为
15mm，单击确认，完成加点的操作。
后中板片采用相同的方法，在距离侧颈
点1.5cm处加点。

（3）使用2D工具栏中【内部多
边形/线】（ ▦ ）工具，从距离侧颈点
1.5cm处的点开始绘制内部线，前片绘
制长度距离上边缘10~11cm，后片绘
制长度距离上边缘9~10cm，然后使用
【编辑曲线点】（ ⬈ ）工具将绘制的内部
线调整为曲线，如图3-4-45所示。

（4）使用2D工具栏中【编辑板
片】（ ⬈ ）工具，按住【Shift】键，依
次选择上一步绘制的内部线，单击鼠
标右键，在弹出的对话框中选择【切
断】，如图3-4-46所示，将裁片分成

图3-4-42　面布前中和后中板片克隆

图3-4-43　解除板片连动

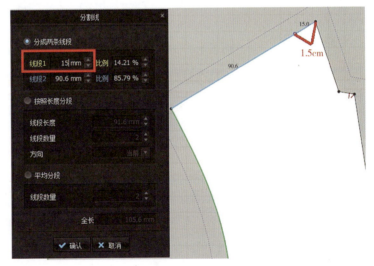

图3-4-44　肩线上加点

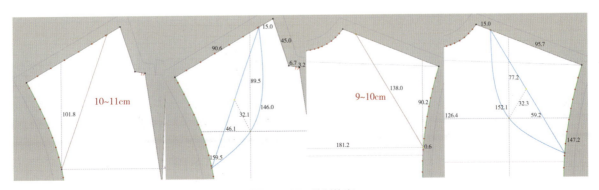

图3-4-45　绘制垫肩

两部分。删除大身部分，将右片的垫肩板片旋转，如图3-4-47所示，使用【编辑板片】（　）工具选中两条边线，单击鼠标右键，在弹出的对话框中选择【合并】，即生成完整的垫肩板片，使用【编辑曲线点】（　）工具调整弧度到合适位置，并且在【属性编辑器】中，将垫肩板片的弹性关闭。

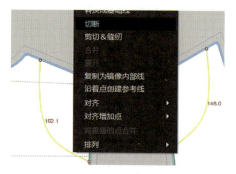

图3-4-46　切断内部线

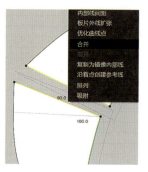

图3-4-47　合并生成完整的垫肩板片

（5）框选所有里布，将里布板片进行冷冻。隐藏面布左前中板片，观察垫肩位置，如图3-4-48所示，将垫肩板片硬化并进行模拟。因为实际制作中，垫肩的位置靠下方，停止模拟后，在3D视窗中打开【Translucent Surface】（　），即将半透明表面功能打开，如图3-4-49所示，将垫肩向下移动，放置在牵条下方，并使用3D工具栏中的【假缝】（　）工具将垫肩与牵条固定，在【属性编辑器】中将假缝长度设置为5mm，如图3-4-50所示。

图3-4-48　冷冻里布板片

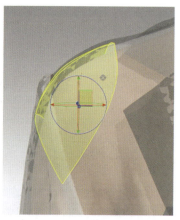

图3-4-49　Translucent Surface

图3-4-50　假缝垫肩

（6）使用2D工具栏中【调整板片】（　）工具选中垫肩板片，单击鼠标右键，在弹出的对话框中选择【对称板片（板片和缝纫线）】，如图3-4-51所示。将右侧的垫肩板片移动到右侧肩部，隐藏右前中板片和右大袖，方便调整垫肩板片到合适的位置，如图3-4-52所示，然后进行模拟。

（7）使用2D工具栏中的【编辑板片】（　）工具，选中垫肩板片外边缘，单击鼠标右键，在弹出的对话框中选择【内部线间距】，如图3-4-53所示，将间距修改为20mm，扩张数量为1，选择内部线延长，生成内部线。使用【编辑板片】（　）工具，选中上一步生成的内部线，单击鼠标右键，在弹出的对话框中选择【剪切＆缝纫】，如图3-4-54所示。

图3-4-51　对称垫肩板片

图3-4-52　调整垫肩板片

（8）采用与上一步骤相同的方法，将垫肩继续进行剪切缝纫，如图3-4-55左图所示，单击垫肩边缘，在弹出的对话框中选择【内部线间距】，并将扩张数量修改为3，为了达到平均的效果，将间距缩小到17mm，完成后进行剪切缝纫，效果如图3-4-55右图所示。

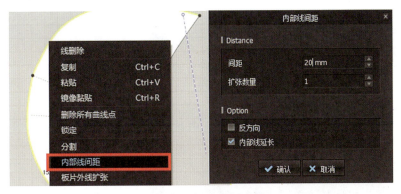

图3-4-53　绘制垫肩内部线　　　　　　　　　　　　　图3-4-54　剪切缝纫垫肩

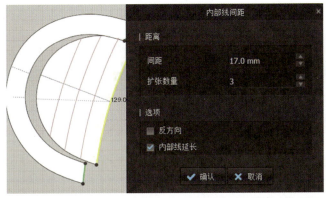

图3-4-55　剪切缝纫

（9）设置垫肩效果。首先，用假缝针固定垫肩，防止在设置厚度时发生偏移，将前中片、后中片和大袖隐藏，如图3-4-56所示，在垫肩与牵条之间均匀地加3~4个假缝针，将假缝长度设置为5mm。

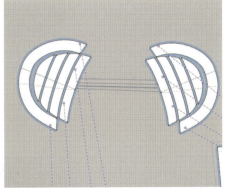

图3-4-56　假缝垫肩

然后进行垫肩厚度设置，为了防止穿透，冲突厚度要大于渲染厚度。如图3-4-57所示，将第一部分板片冲突厚度设置为6mm，渲染厚度设置为5mm；依次将第二部分板片冲突厚度设置为5mm，渲染厚度设置为4mm；第三部分板片冲突厚度设置为4mm，渲染厚度设置为3mm；第四部分板片冲突厚度设置为3mm，渲染厚度设置为2mm；第五部分板片冲突厚度设置为2.5mm，渲染厚度设置为1mm，打开3D视窗中【浓密纹理表面】（），在3D视窗就可以看到垫肩效果，如图3-4-58所示，完成了垫肩效果的制作。最后，将大身与袖子面布和里布渲染厚度均增加为1mm。

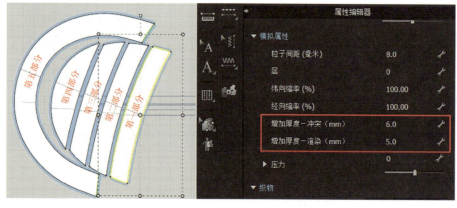

图3-4-57　垫肩第一部分板片厚度设置

图3-4-58　垫肩效果

5.领面细节处理

（1）选择领面，单击鼠标右键，在弹出的对话框中选择【克隆层（内侧）】，克隆完成后，解除领面板片之间的连动，再次单击鼠标右键，如图3-4-59所示，在弹出的对话框中选择【解除连动】，并使用【编辑缝纫线】（　）工具选择翻折线，单击键盘上的【Delete】或者【Backspace】键即可。

（2）一般制作过程中，领面会比领里稍微宽一些，使用2D工具栏中的【编辑板片】（　）工具，选择克隆的领面板片中点，向上拖拽的同时单击鼠标右键，弹出【移动距离】对话框，将移动距离修改为3mm，如图3-4-60所示。将领面（内侧）关闭【属性编辑器】中的【粘衬】，同时将板片硬化，然后进行模拟，如图3-4-61所示。

6.衣身底边缝合

（1）在缝制之前，将里布板片进行解冻。框选里布，单击鼠标右键，在弹出的对话框中选择【解冻】。

（2）底边贴边制作。按住【Shift】键，使用【编辑板片】（　）工具依次选择里布后中片、后侧片、前侧片、前中片的底边，如图3-4-62所示，单击鼠标右键，在弹出的对话框中选择【内部线间距】，将间距调整为25mm，扩张数量为1，选择【内部线延长】。然后继续选择生成的内部线，单击鼠标右键，在弹出的对话框中选择【剪切＆缝纫】，生成贴边。

图3-4-59　解除领面的连动关系

图3-4-60　调整领面

图3-4-61　领面模拟效果

（3）缝合面布与里布底边。使用【线缝纫】（■）工具，分别缝合面布与里布底边，如图3-4-63所示。

（4）框选里布底边贴边，单击鼠标右键，在弹出的对话框中选择【硬化】，进行模拟粘衬效果。

图3-4-62　底边贴边制作

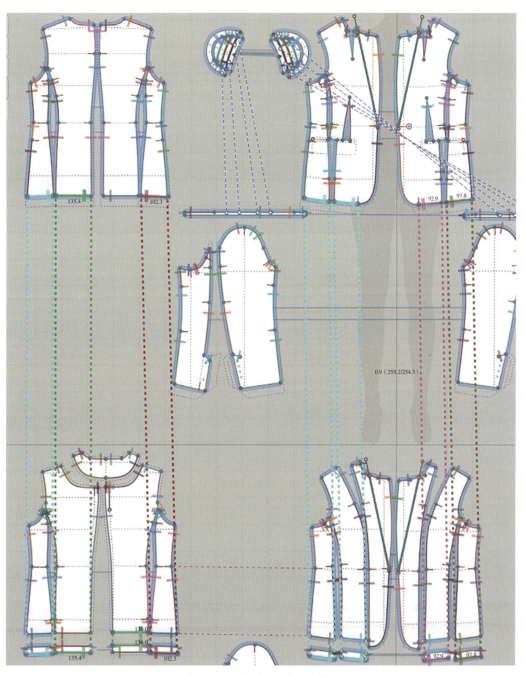

图3-4-63　缝合面布与里布底边

7. 袖衩缝合

（1）使用2D工具栏中的【编辑板片】（ ）工具，右键单击大袖袖衩处线段，如图3-4-64所示，在弹出的对话框中选择【板片外线扩张】，如图3-4-65所示，在【板片外线扩张】对话框中将间距修改为25.0mm，扩张数量为1，选择【默认角】，单击【确定】。最后使用【编辑板片】（ ）工具调整袖衩角度，如图3-4-66所示。如图3-4-67所示，采用相同的操作方法，对小袖进行修改，将倒边角度类型修改为【Mirror】。

（2）使用【勾勒轮廓】（ ）工具将袖衩处的翻折线基础线勾勒为内部翻折线，单击鼠标左键选择基础线，按下键盘上的【回车】键，如图3-4-68所示。

（3）使用2D工具栏中【线缝纫】（ ）工具，依次缝合袖面布的大袖与小袖的袖衩细节部分，如图3-4-69所示。

（4）使用3D工具栏中的【折叠安排】工具，将大袖与小袖的袖衩折边进行翻折，这样可方便模拟缝纫，如图3-4-70所示。

（5）初步模拟稳定后，先将袖衩面布与里布进行缝合，如图3-4-71所示。然后进行袖口缝合，根据衣身下摆的贴边制作方法，在袖里布袖口处先绘制2.5cm的内部线，然后进行剪切缝纫，最后将贴边与袖面布袖口缝合，如图3-4-72所示。

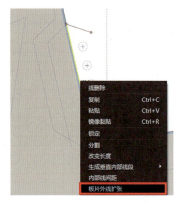

图3-4-64 大袖袖衩板片外线扩张

图3-4-65 板片外线扩张参数调整

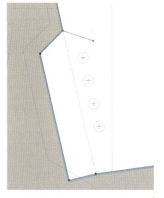

图3-4-66 调整大袖袖衩角度

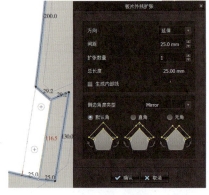

图3-4-67 小袖袖衩板片外线扩张参数调整

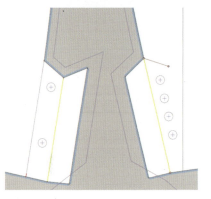

图3-4-68 袖衩处翻折线勾勒为内部翻折线

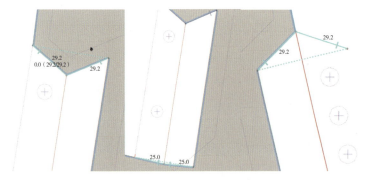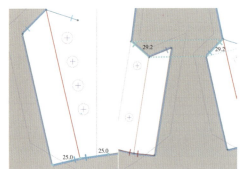

图3-4-69 缝合袖面布的大袖与小袖的袖衩

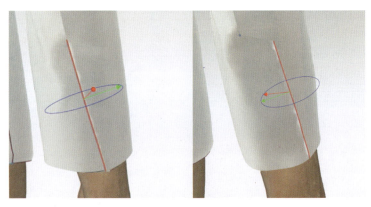

图3-4-70 折叠袖衩

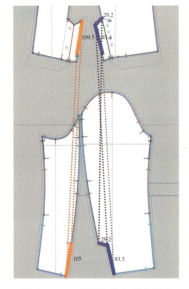

图3-4-71 袖衩面布与里布缝合

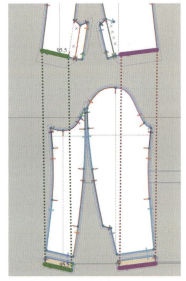

图3-4-72 贴边与袖面布袖口缝合

（6）模拟稳定后，制作袖扣，如图3-4-73、图3-4-74所示，分别在纽扣与扣眼的窗口点击【增加】，增加一个纽扣和扣眼，并在【属性编辑器】中将纽扣宽度设置为15mm，扣眼宽度设置为20mm。使用【纽扣】（）工具在小袖添加纽扣，【扣眼】（）工具在大袖添加扣眼，如图3-4-75所示。最后框选扣眼，在【属性编辑器】中将左袖扣眼角度改为12，右袖扣眼角度改为166。然后进行模拟。

8. 袋盖缝合

（1）将袋盖解冻，使用2D工具栏中【勾勒轮廓】（）工具将衣身与袋盖的基础线勾勒为内部线，如图3-4-76所示。

（2）使用【线缝纫】（）工具，将袋盖缝合于衣身袋盖位置，袋唇（嵌线）缝合在袋盖上方，如图3-4-77所示。

图3-4-73 增加纽扣

图3-4-74 增加扣眼

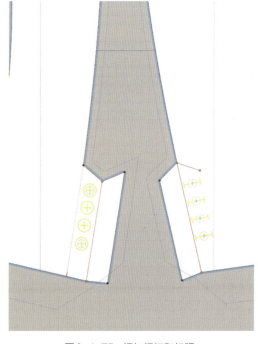

图3-4-75 添加纽扣和扣眼

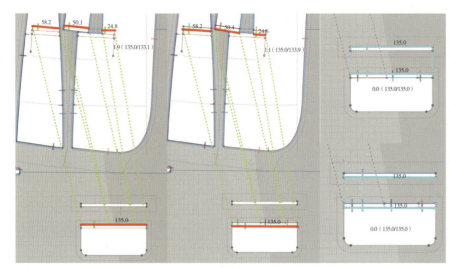

图3-4-76　基础线勾勒为内部线　　　　　　　图3-4-77　袋盖与衣身袋盖缝合

（3）在【属性编辑器】中，将袋盖的粒子间距修改为5mm，层数设置为1，方便模拟效果。然后框选袋盖与袋唇，在3D窗口单击鼠标右键，在弹出的对话框中选择【添加到外面】，将袋盖添加到西装面布外侧，单击模拟。

（4）模拟稳定后，将袋盖层数修改为0。这里不再阐述袋布缝合步骤。

（四）西装外套面料设置

1. 衣身里料设置

（1）西装面料与里料采用不同材质的面料，在物体窗口面料界面下，单击【增加】，添加里料的面料，如图3-4-78所示。框选里料板片，将物体窗口的里料拖拽到板片上即可应用。

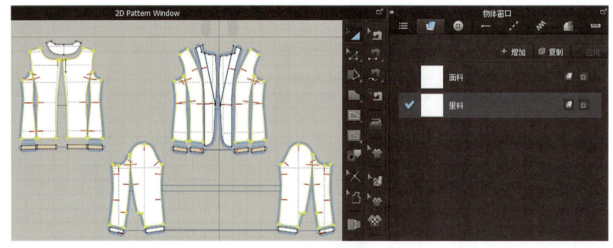

图3-4-78　增加里料面料

（2）选择图库窗口中的【Fabric】文件夹，如图3-4-79所示，在预设面料库中选择【Polyester_Taffeta】涤塔夫面料作为里料面料，直接选中面料，拖拽到物体窗口中的里料处即可应用。然后选择【Wool_Cashmere】开司米面料应用于面料。

图3-4-79 【Fabric】文件夹

2. 衣身面料设置

选择物体窗口的面料，即【Wool_Cashmere】，在【属性编辑器】中，打开冲淡颜色，将面料原始颜色去掉；单击纹理处图框，可在弹出的文件夹中选择需要设置的面料纹理；单击颜色，在弹出的对话框中选择需要的颜色，即可完成面料的设置。里料采用相同的方法进行设置，如图3-4-80所示。

3. 纽扣材质设置

选择物体窗口的纽扣，在【属性编辑器】中设置纽扣的属性，通过纽扣图形的下拉框可以选择纽扣外形，类型可设置为【Plastic】塑胶，颜色可根据需要设置，此处设置为黑色。采用相同的方法，进行扣眼属性的设置。

图3-4-80　面料属性设置

4.明线设置

（1）添加明线线迹。使用【自由明线】（ ）工具，在需要添加明线的领边、底边、袋口处从起点到终点依次单击，如图3-4-81所示。选择物体窗口的明线，在【属性编辑器】中对明线根据需要的效果进行设置，如图3-4-82所示，此处设置间距为【N/A】5mm，长度选择【SPI-8】，间距为0.2mm，线的粗细为80Tex。

（2）为了使明线呈现出缝纫效果，可在添加明线处制作内部线间距，如图3-4-83所示，将间距设置为5mm，然后缝合面料与里料的内部线。

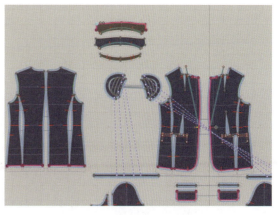

图3-4-81　添加明线线迹

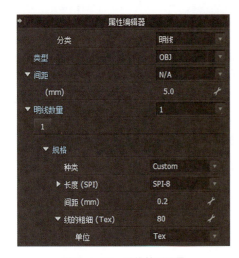

图3-4-82 明线效果设置

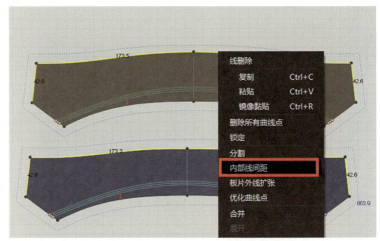

图3-4-83 在添加明线处制作内部线间距

（五）西装外套渲染

在菜单栏中打开【渲染】，单击空白处开始渲染，最终成衣效果及渲染效果如图3-4-84所示。

图3-4-84 西装外套渲染效果

二 \ 羽绒服

（一）板片准备

1. 羽绒服款式图

带帽短款羽绒服，前门襟设拉链有挡片，两片袖，袖子、衣身均设有绗缝线，前片设有插袋，款式如图3-4-85所示。

2. 羽绒服纸样

在服装CAD软件中绘制羽绒服结构图，并生成净板纸样，且纸样中包含剪口、标记线等信息，导出DXF文件备用。

（二）板片导入及缝制

1. 板片导入

在图库窗口中选择【Avatar】文件夹，在虚拟模特的缩略图中双击选择一名女性模特，导入羽绒服的DXF格式文件。不需要更改缩放、旋转，勾选板片自动排列和优化所有曲线点选项，然后点击【确定】完成羽绒服的DXF文件导入。

后片和袖片的面布与胆布板片尺寸一致，可以删除胆布的后片与袖片板片，方便

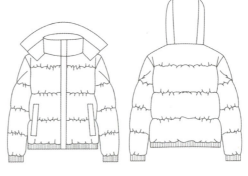

图3-4-85 羽绒服款式图

扫一扫
看操作视频

后期缝纫。然后将其余板片补全，使用【调整板片】（▰）工具，右键单击需要对称补齐的板片，在弹出的对话框中选择【对称板片（板片和缝纫线）】，如图3-4-86所示。

2. 里布基础缝合

（1）冷冻面布与胆布板片。框选面布与胆布的所有板片，单击鼠标右键，在弹出的对话框中选择【冷冻】，在缝合里布过程中，使面布与胆布不参与缝合。

（2）安排里布板片。使用3D工具栏中的【选择/移动】（✛）工具，点击并拖拉板片移动到安排点，如图3-4-87所示。挡片板片暂时不参与模拟，可以选中板片，单击鼠标右键，在弹出的对话框中选择【反激活（板片）】，并且对板片进行隐藏。

（3）省处理。使用【勾勒轮廓】（▰）工具，将里布前片省的基础线勾勒为内部线；使用【编辑板片】（▰）工具，选择省的内部线，单击鼠标右键，在弹出的对话框中选择【切断】；将剪切出的板片删除，如图3-4-88所示。

（4）使用【线缝纫】（▰）工具将里布板片的衣身袖子进行缝合，使用【自由缝纫】（▰）工具进行袖山与袖窿的缝合。在进行一对多的缝合过程中，按住【Shift】键可以选择多条边。缝合完成后，进行模拟。

（5）框选里布，在【属性编辑器】中将【粒子间距】修改为10mm，使仿真效果更为逼真。选择罗纹袖口，打开【属性编辑器】中的粘衬，使罗纹面料更为挺括。

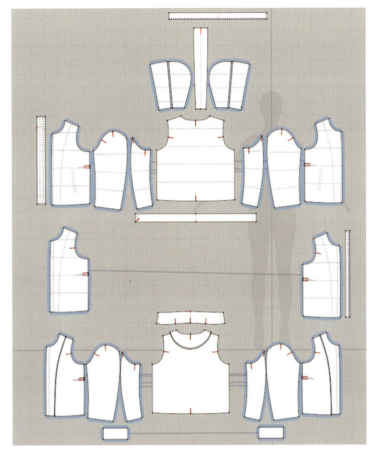

图3-4-86　羽绒服补齐的所有纸样

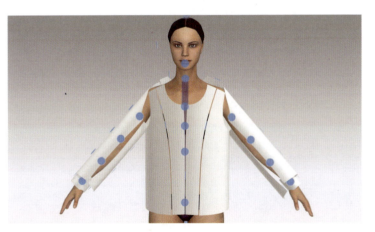

图3-4-87　安排里布板片

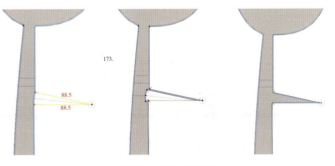

图3-4-88　省处理

（6）里布形态模拟稳定后，为了方便面布与胆布的制作，将里布所有板片进行失效处理，框选里布所有板片，单击鼠标右键，在弹出的对话框中选择【反激活（板片和缝纫线）】，然后将里布板片进行隐藏，单击鼠标右键，在弹出的对话框中选择【隐藏3D板片】。

3. 面布层与胆布层的基础缝合

（1）安排板片。在3D视窗中，打开【显示安排点】，选择胆布层前片，安排在虚拟模特相应位置，然后依次选择面布层后片、大袖与小袖，安排在相应的位置。

（2）为了方便后期缝合，使用【编辑板片】（）工具，框选面布后片右侧板片，单击【Back space】删除右侧板片，然后右键单击中线，在弹出的对话框中选择【对称展开编辑（缝纫线）】，使板片包括缝纫线左右对称，如图3-4-89所示。

（3）采用与里布相同的操作方法，使用【勾勒轮廓】（）工具，将胆布与面布的前片省的基础线勾勒为内部线；使用【编辑板片】（）工具，选择省的内部线，单击鼠标右键，在弹出的对话框中选择【切断】；将剪切出的板片删除。

（4）使用【线缝纫】（）工具和【自由缝纫】（）工具，将面布后片与胆布前片、面布大袖与小袖、袖窿与袖山分别进行缝合，如图3-4-90所示，将标注相同颜色的部分进行缝合，因为左右两侧的连动关系，只需缝合一侧即可完成另一侧的缝合。

（5）在模拟之前，将参与模拟的板片进行解冻，选择面布后片、袖片，胆布前片，单击鼠标右键，在弹出的对话框中选择【解冻】，然后进行模拟。

4. 面布、胆布与里布的拼合

（1）显示全部板片。框选2D视窗所有里布层板片，单击鼠标右键，在

图3-4-89　对称展开编辑

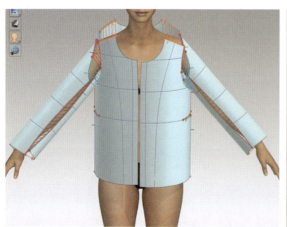
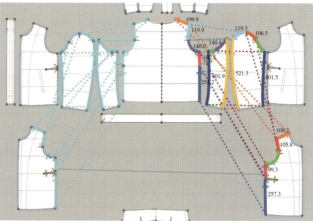

图3-4-90　面布层与胆布的基础缝合

弹出的对话框中选择【显示3D板片】（或者按住【Shift+Q】，也可以显示全部板片）。然后将失效的板片进行启动，选择里布层板片（除挡片板片），单击鼠标右键，在弹出的对话框中选择【激活】。

（2）设置里布层次。框选里布的前片、后片、袖片，在【属性编辑器】中，将里布设定为更低的层次，将层次设定为 -1。然后进行模拟。

（3）缝合面布与里布。面布与里布缝合的缝线需设置为【TURNED】合缝。如图3-4-91所示，依次缝合胆布与里布前中线、胆布与里布前领围线、胆布与里布前片下摆围线、面布与里布袖口、面布与里布后领围线、面布与里布后片下摆线，即将图中相同颜色标注缝合。

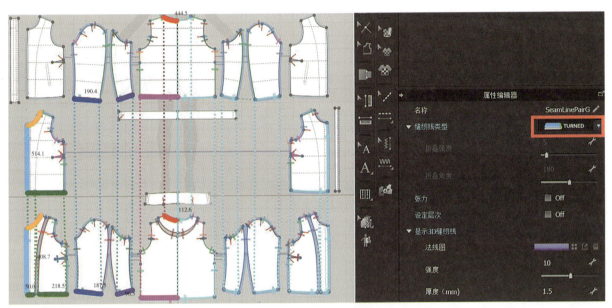

图3-4-91 面布与里布缝合

（4）缝合罗纹底边。选择【显示安排点】，点击罗纹底边，从后面的腰围处将其进行安排，然后移动局部坐标轴的绿色纵向坐标，将底边板片向下移动到衣摆下方，然后解冻罗纹底边。使用【线缝纫】（■）工具将罗纹底边与衣身面布进行缝合，如图3-4-92所示。在模拟之前将罗纹底边进行粘衬处理。

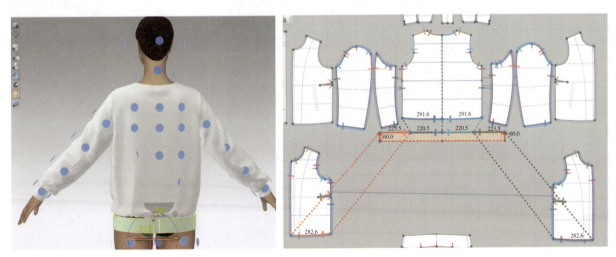

图3-4-92 罗纹底边缝合

（5）框选所有板片，在【属性编辑器】中将【粒子间距】修改为10mm，使板片的模拟更为逼真，在模拟稳定后，将层次全部修改为0。

（6）制作胆布层。第一步，使用【勾勒轮廓】（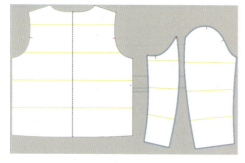）工具，选择面布层的后片与袖片的基础线，按下【回车】键，勾勒基础线为内部线，如图3-4-93所示。第二步，框选面布后片与左、右袖片，如图3-4-94所示，单击鼠标右键，在弹出的对话框中选择【克隆层（外部）】，将原面布层设置为胆布层，并移动至与胆布前片一行，将克隆的层设置为面布层，放置于与面布前片一行。通过克隆层的方法，可以省去缝纫的步骤，并且系统会自动设置缝纫类型。

图3-4-93　胆布层制作

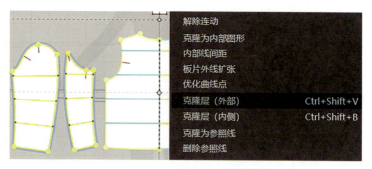

图3-4-94　克隆层工具制作胆布层

（7）缝合前片面布与胆布。使用【勾勒轮廓】（）工具，选择前片面布与胆布的绗缝基础线，按下【回车】键，将基础线勾勒为内部线。然后使用【线缝纫】（）工具和【自由缝纫】（）工具分别缝合前片面布与胆布对应的所有内部线和边线，并将缝纫线类型设置为【TURNED】合缝，如图3-4-95所示。

（8）选择面布前片，在3D视窗中，单击鼠标右键，在弹出的对话框中选择【添加到外面】，面布板片会自动添加到胆布外层，如图3-4-96所示。解冻面布后进行模拟。

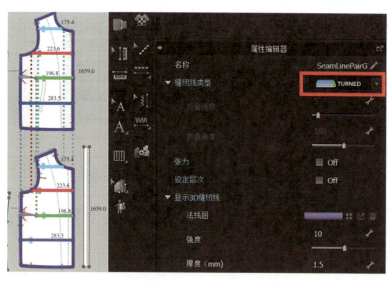

图3-4-95　前片面布与胆布的缝合

图3-4-96　面布板片层次调整

5. 帽子与领子的缝合

（1）显示安排点，将领子与帽子板片进行安排，最后进行皮草的安排，如图3-4-97所示。然后框选所有帽子板片进行解冻以及隐藏安排点。

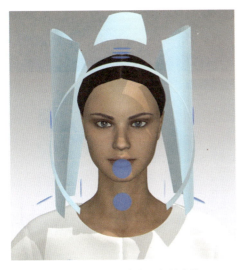

图3-4-97　帽子与领子板片安排

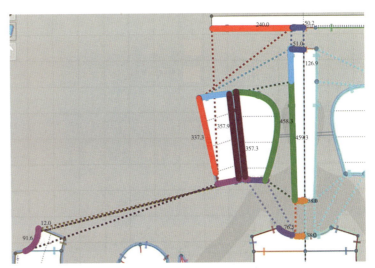

图3-4-98　帽子与领子缝合

（2）使用【线缝纫】（■）工具与【自由缝纫】（■）工具，将帽子进行缝合，使用【M：N自由缝纫】（■）工具，缝合帽子与衣身面布领围，如图3-4-98所示相应颜色标注缝合。使用【线缝纫】（■）工具将领子与胆布领围进行缝合，如图3-4-99所示。

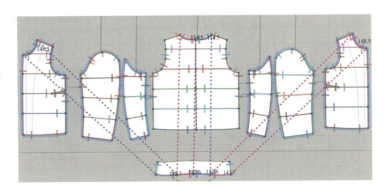

图3-4-99　领子与胆布领围缝合

（3）在【属性编辑器】中，将领子的层次设置为-1，方便模拟时领子位于帽子内侧，模拟稳定后将层次恢复为0。

（4）将帽子板片与领子板片进行硬化，在模拟状态下，使用3D工具栏【选择/移动】（■）工具进行外形调整，如图3-4-100所示。

（5）领子与帽子也需要制作双层效果。选择领子板片，单击鼠标右键，在弹出的对话框中选择【克隆层（内侧）】，将领子克隆一个内层；选择帽子板片，单击鼠标右键，在弹出的对话框中选择【克隆层（外部）】，将帽子板片克隆为外层，如图3-4-101所示。

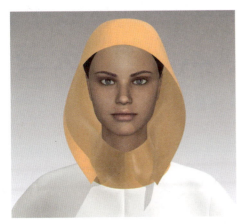

图3-4-100　硬化帽子、领子板片

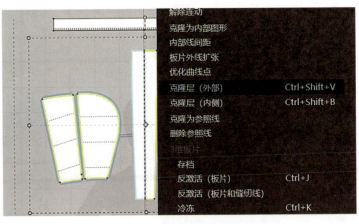

图3-4-101　克隆层制作领子与帽子双层

6. 手塞棉里片的缝合

（1）使用【勾勒轮廓】（🔲）工具，将领子、里布前片以及罗纹底边的基础线勾勒为内部线。

（2）使用【自由缝纫】（🔲）工具，将位于服装内侧的手塞棉与内侧领、里布前片以及罗纹下摆的内部线进行缝合，如图3-4-102所示。然后选择手塞棉板片，单击鼠标右键，在弹出的对话框中选择【解冻】；安排手塞棉板片，在3D视窗中，选择手塞棉，单击鼠标右键，在弹出的对话框中选择【添加到里面】，如图3-4-103所示，【Shift+A】隐藏模特，旋转虚拟服装，可以观察到手塞棉位于服装内侧，将手塞棉设置为-1层，模拟稳定后恢复0层。

7. 拉链的制作

（1）在制作拉链前，将前中缝合在一起的缝线全部删除，再次模拟，在3D视窗中可以看到前中会分开，说明前中缝线已全部删除。然后选择3D工具栏中的【拉链】（🔲）工具，在2D视窗中单击领子为拉链的起点，然后在里片前片中间单击固定方向，最后在罗纹下摆双击完成一边拉链的制作，再用相同的方法完成另一边的制作，如图3-4-104红色标注所示。

（2）选中拉链，在【属性编辑器】中，将物理属性预设为【Trim Hardware】，使拉链更为硬挺，更符合拉链的特性。

8. 手塞棉挡片的制作

（1）使用【勾勒轮廓】（🔲）工具将面布板片与手塞棉挡片的基础线勾勒为内部线。

（2）使用【自由缝纫】（🔲）工具将手塞棉挡片与面布、领子、底边进行缝合，如图3-4-105所示。

（3）在3D视窗中，选中手塞棉挡片，单击鼠标右键，在弹出的窗口中选择【添加到外面】，然后进行解冻并将其层次设置为1，在模拟稳定后将层次恢复为0。

（4）手塞棉挡片一般都是双层，选择手塞棉挡片，单击鼠标右键，在弹出的对话框中选择【克隆层（外部）】，然后进行模拟，如图3-4-106所示。

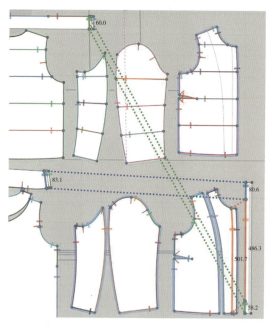

图3-4-102　手塞棉缝合

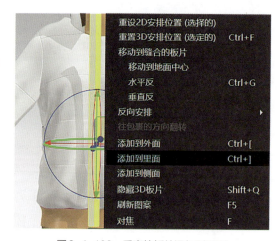

图3-4-103　手塞棉板片添加到里面

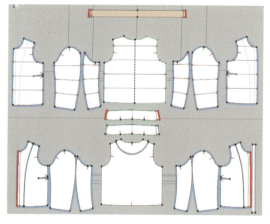

图3-4-104　拉链制作

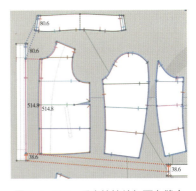

图3-4-105 手塞棉挡片与面布缝合

图3-4-106 克隆层制作双层手塞棉挡片

（三）羽绒服的细节处理

1. 充绒效果制作

（1）为了方便后期充绒的制作，将面布与胆布进行分组。框选所有面布板片，如图3-4-107所示，单击鼠标右键，在弹出的对话框中选择【群组】→【群组】，采用同样的方法，将所有胆布层也进行群组设置。

（2）选择面布层的某一板片，面布层将全部被选中，在【属性编辑器】中，给面布层设置一个5的压力，以同样方法给胆布层设置一个-5的压力，如图3-4-108所示。

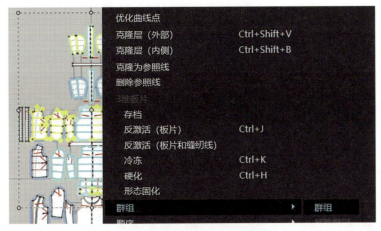

图3-4-107 面布与胆布分组

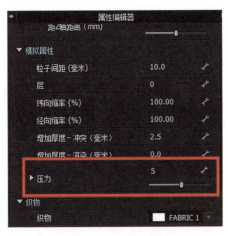

图3-4-108 压力设置

（3）框选所有板片，将【粒子间距】修改为5mm，这样模拟效果将更为逼真。同时将压力逐渐加大，调整至使羽绒服达到理想充绒的效果，此时将面布压力设置为15，胆布压力设置为-15，最终模拟效果如图3-4-109所示。

图3-4-109 最终模拟效果

2. 绗缝线效果制作

（1）羽绒服充绒效果制作完成后，绗线处褶皱不是很明显，需要设置绗线的弹力。使用【编辑板片】（▨）工具，选中所有绗缝的内部线，在【属性编辑器】中，打开线段的弹力，如图3-4-110所示。一般情况下，绗缝线的弹力设置为96%~98%，这样绗缝碎褶的效果比较逼真。此处设置为97%。

（2）缝纫明线与缝纫褶皱设置。使用2D工具栏中【线段明线】（▨）工具，用鼠标左键单击需要

图3-4-110 纫缝线的弹力设置

加明线的内部线，如图3-4-111所示。使用2D工具栏中【缝纫褶皱】（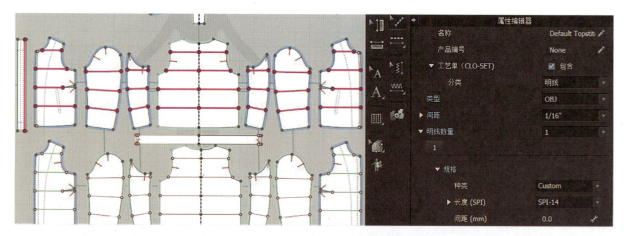）工具，左键单击需要添加褶皱的内部线，如图3-4-112所示，在【属性编辑器】中，将属性设置为【Nylon】。所有设置完成后，单击模拟，这里只需要稍微模拟就可以，完成后关闭模拟。

图3-4-111 缝纫明线设置

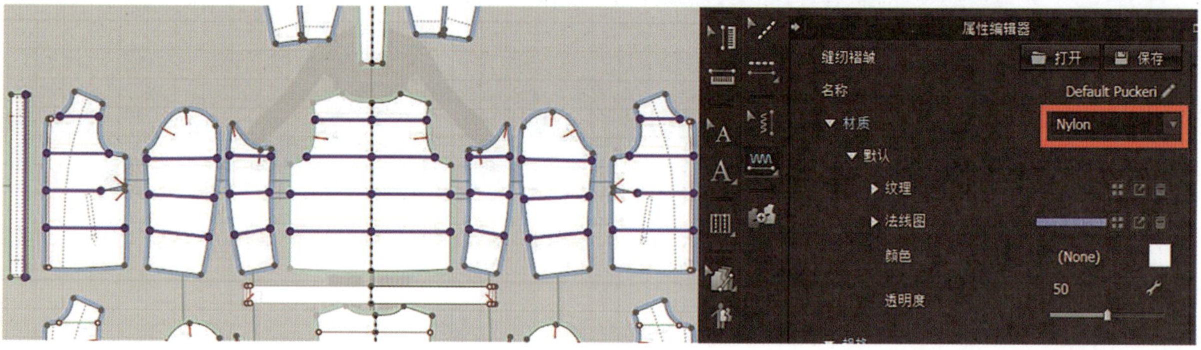

图3-4-112 缝纫褶皱设置

（四）羽绒服面料设置

在进行面料设置前，先将虚拟模特的姿势调整为站立状态。如图3-4-113所示，在模拟状态下，选择站立姿势，在【Open Pose】对话框中选择默认选项【只更换姿势（保持虚拟模特尺寸）】【保持现在鞋子的姿势】【对齐地面】，然后单击确定。

羽绒服由四种面料构成——面料、里料、罗纹织物以及皮

图3-4-113 模特姿势调整

草，在物体窗口，点击【+增加】，如图3-4-114所示，增加四种面料，并分别修改面料的命名。框选需要修改面料的板片，将物体窗口的面料直接拖拽到2D视窗中的相应板片应用即可。

1. 面料设置

选中物体窗口的面料，在【属性编辑器】中修改面料属性，选择需要的面料类型，在这里选择【Iridescence（Render Only）】激光的效果，在6.1系统中，激光效果只能在渲染状态才能体现。在激光属性下方，可以通过调整反射、折射数值来体现幻彩色所折射、反射的效果，同样地，通过修改幻彩色，可以使激光面料呈现不同的效果，如图3-4-115所示。

2. 罗纹织物设置

在图库窗口中选择【Fabric】文件夹，选择面料库中【Rib_2×2_468gsm】罗纹织物，拖到物体窗口中的罗纹织物，并在【属性编辑器】中，打开纹理中的【冲淡颜色】，如图3-4-116所示，也可以在颜色一栏选择需要设置的颜色。

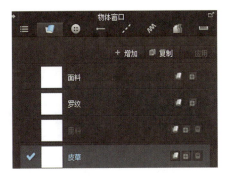

图3-4-114 增加不同面料

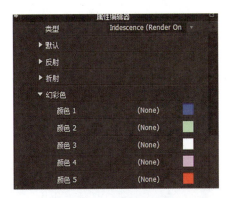

图3-4-115 激光效果制作

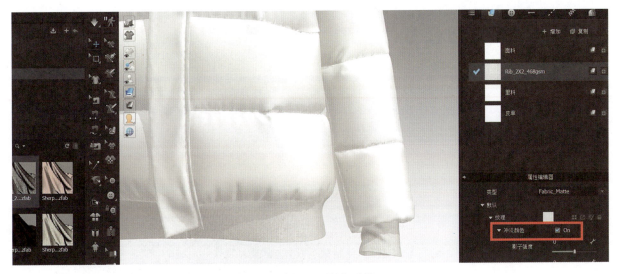

图3-4-116 罗纹袖口制作

3. 里料设置

里料设置的方法与面料和罗纹的相同，在面料库中选择适合做里料的材质，拖拽到物体窗口中的里料栏应用，并在【属性编辑器】中修改里料的颜色。

4. 皮草渲染

皮草与激光面料相同，只能在渲染状态下才可见。选中物体窗口中的皮草，在【属性编辑器】中将类型修改为【Fur（Render Only）】。然后打开渲染，先观察系统默认状态下的皮草渲染效果。如图3-4-117所示，为系统默认状态下的皮草渲染效果，这里需要修改皮草的物理属性。

图3-4-117　毛领初步渲染效果

在皮草的物理属性中，毛发的基础参数是长度、厚度、弯曲强度、锥度、密度、分段数等，长度，指毛发长出来的长度；厚度，指的是单根毛发长出来的粗度；弯曲强度，是指单根毛发的柔软或者挺括程度；锥度，是指毛发从根部到尖端是否会像圆锥一样逐步变细，锥度越大，收缩率越大；密度，是指在单位平方英尺内毛发的数量；分段数，是指将单根毛发的模型截成的段数。重力参数包括拉力、X向、Y向、Z向。拉力，指方向上力的大小；X向、Y向、Z向，是指毛发受力的方向，因为毛发是渲染出来的，而不是冲突碰撞出来的，所以重力设置会穿透向下长，一般会舍弃大部分重力的表现。

羽绒服的毛领一般只设置上面部分，侧面和里边不会设置，所以在【属性编辑器】中，将【后】与【侧面】的【使用和前面相同的材质】关掉，并且将类型设置为【Fabric Matte】，如图3-4-118所示。

图3-4-118　毛领面料设置

将毛发的参数进行修改，如图3-4-119所示，增加厚度到0.5，弯曲强度到0.4，密度增加到500，Y向重力减小到-0.2，重新渲染后的毛领效果如图3-4-120所示。毛发相对比较规则整齐，为了达到更好的效果，需要调整不规则的参数，不规则的参数可以使毛领随机呈现不规则效果。不规则参数的调整较为简单，此处将所有数值均调整为0.3，如图3-4-121所示，与上一步骤效果相比较，毛领更为生动，有一定的变化感。

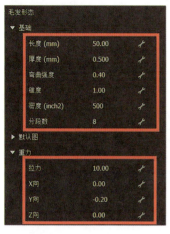

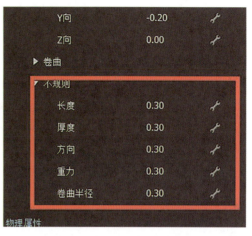

图3-4-119　修改毛发参数　　　　图3-4-120　渲染后毛领效果　　　　图3-4-121　毛发不规则的参数调整

　　如果想让毛领更为蓬松，可以将长度调整到80。一般情况，毛发是会有光泽的，在系统中，可以通过调整毛发材质来达到效果。如图3-4-122所示，光滑程度可以使每根毛发反射的强度更为强烈一些，光泽度是指使毛发更为有光泽，通常光泽度、光泽度提升以及光滑程度等参数配合一起调整，可以使毛领的效果更有光泽；饱和度会使毛领更为偏向毛皮的棕黑色；红色程度是指毛发偏向红色的程度，一般情况是加在饱和度基础上的，红色程度值越大，毛领越偏红棕色。

（五）羽绒服渲染

　　打开【渲染】，对羽绒服整体效果进行渲染，如图3-4-123、图3-4-124所示，是羽绒服最终的正面与背面的渲染效果。

图3-4-122　毛领蓬松设置

图3-4-123 羽绒服渲染效果正面

图3-4-124 羽绒服渲染
效果背面

小结

本章介绍了上装、裤装、裙装、外套等具有代表性的多种品类服装的三维数字化虚拟试穿过程，重点讲解了罗纹领口、衬衫领、西服领、袖开衩、褶皱、口袋、明线、面料材质、充绒效果、毛领等服装特殊部位的虚拟缝合、造型制作和效果表现技巧。

各品类服装虚拟试衣的步骤基本一致，主要包括样板导入、板片安排、虚拟缝合、模拟试穿与调整、面料属性设置等。读者在实际操作中应紧密结合服装的实际制作工艺，并将其迁移到虚拟服装的缝合过程中，要通过大量的实际操作和耐心的反复练习才能快速掌握应用方法。

思考题

1. 练习罗纹领口、衬衫翻领、规律褶、明线、两片袖绱袖、充绒效果的虚拟效果制作。

2. 根据本章学习的内容，完成一件上装和一件下装的虚拟试穿，并在虚拟模特上组合搭配成套装。要求虚拟缝合正确、服装整体效果美观、面料色彩搭配合理。

3. 自主设计创意连衣裙或套装，在CLO 3D软件中完成虚拟试穿。要求服装款式具有创新性，且虚拟缝合正确、服装整体效果美观。

第四章
虚拟服装局部设计

产教融合教程：虚拟服装设计与展示陈列

课题内容：

1.领子设计

2.袖子设计

课题时间： 8 课时

教学目标：

1.掌握不同类型领子的虚拟制作方法

2.掌握不同类型袖子的虚拟制作方法

教学重点： 掌握不同类型服装局部细节制作及渲染

教学方法： 线上线下混合教学

教学资源： 视频

第一节 领子设计

一 花边褶皱领

（一）基础T恤准备

1. 花边褶皱领款式图

该款花边褶皱领是在短袖T恤的基础上进行的领子变化设计，领子为花边缩褶立领，具有弹性，无须设置门襟，衣身为贴身的弹性针织罗纹面料。此款式适合春夏外穿或内搭，具有休闲、优雅的特点，款式如图4-1-1所示。

2. 基础T恤项目文件准备

在软件左侧的【图库窗口】中打开【Garment】，将【Female_T-shirt.zprj】项目文件拖拽到3D窗口，选择打开合适的虚拟模特并调整模特身高到160cm，胸围84cm，点击【模拟】（■）进行试穿，如图4-1-2所示。

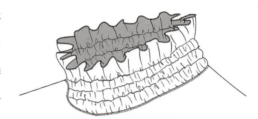

图4-1-1 花边褶皱领款式图

（二）衣身设置

1. 设置衣身面料材质

为了与有弹性的领子相匹配，需要将衣身面料设置为弹性较大的面料。在【图库窗口】中双击打开【Fabric】，选择具有弹性的【Rib_2×2_468gsm】针织罗纹面料，并应用到衣身板片上，可以根据设计需要调整衣身的颜色。

2. 调整领口

删除原有的领口板片并使用【编辑板片】（■）工具调整领口，将V形领口前中的点转换为自由曲线点，使用【编辑曲线点】工具删除领弧线上多余的曲线点，将其修改为较小的圆形领口，如图4-1-3所示。

（三）花边褶皱领虚拟设计

1. 绘制领子板片

在2D窗口中，使用【编辑板片】（■）工具按住【Shift】键选中前、后领弧线，在【属

图4-1-2 基础T恤项目文件准备

图4-1-3 调整领口

性编辑器】中查看【对称修改线段长度】的数值来确定前、后领弧线长度，如图4-1-4所示。通常花边褶皱领的板片长度是前、后领弧线长度的2倍，此项目中领弧线长度为410mm，则领子板片长度定为820mm较为合适。长按2D窗口的【多边形】（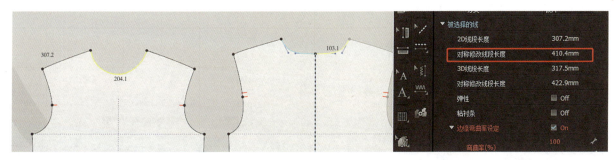）工具，在弹出的伸缩工具栏中点击【矩形】工具，接着在2D窗口空白工作区中点击鼠标左键，弹出【制作矩形】对话框，输入领子板片的长度为820mm、高度为50mm，点击确定，从而创建了花边褶皱领板片，如图4-1-5所示。

图4-1-4　测量领围

2. 制作弹性内部线

（1）生成内部线。结合款式图和工艺设计，在虚拟试衣技术中，使用弹性内部线模拟工艺中的弹性抽绳，使布料呈现抽褶效果。在2D窗口中，使用【编辑板片】（）工具选中领子板片的下边线，同时点击鼠标右键选择【内部线间距】选项，弹出【内部线间距】对话框。在对话框中输入间距10mm、扩张数量3，勾选【内部线延长】选项使其延长到板片轮廓线上，如图4-1-6所示。

图4-1-5　创建花边褶皱领板片

（2）设置内部线弹性。继续使用【编辑板片】（）工具，按住【Shift】键，选中领子板片中的所有内部线和领下边线，在【属性编辑器】中找到【被选择的线】→【弹性】，勾选弹性的【On】选项，并将下方弹出的【比例】滑块设置到50，如图4-1-7所示。

3. 绱领子

缝合领弧线与领子板片时，要考虑领子拼缝线的位置，一般无门襟的领子拼缝线位于肩线拼缝处，并与肩线拼缝相通。使用【自由缝纫】（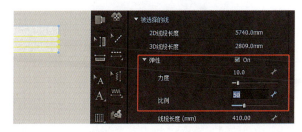）工具进行缝合。用鼠标点击领子板片下边线左端点，移动鼠标点击右端点，按住【Shift】键的同时，用鼠标依次点击衣身前领弧线左端点、衣身前领弧线右端点、衣身后领弧线左端点、衣身前领弧线右端点，最后松开鼠标结束缝合。切换至【线缝纫】工具缝

图4-1-6　花边褶皱领板片生成内部线

图4-1-7　设置内部线弹性

合领子侧缝线，缝合效果如图4-1-8
所示。

4. 花边褶皱领的模拟

打开模特安排点，点击领子板片，
然后点击模特颈部左侧的安排点，使
得领子接缝安排到颈部右侧。由于领
子板片过长，安排板片后，领子在模

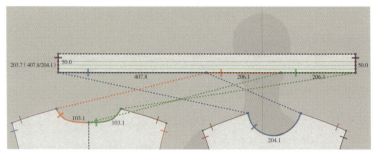

图4-1-8　绱领子

特颈部有重叠环绕，此时可以选中领子板片，在【属性编辑器】中找到【安排】→【间距】，将间距值调
大，使得领子的环绕半径变大，领子间距调整前后效果如图4-1-9所示。

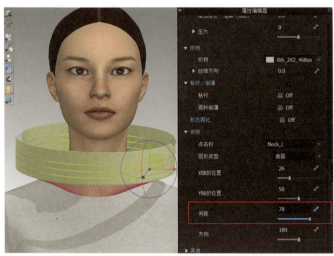

图4-1-9　调整领子板片间距

调整间距后，点击【模拟】（ ⬇ ）按钮进行领子的
模拟试穿。试穿稳定后，选中领子板片，在【属性编
辑器】中将【粒子间距】选项的数值改为3mm，领子
的褶皱会变得更加丰富、细腻，此时可以打开主菜单
的【渲染】进入渲染界面，查看领子的渲染效果。如
图4-1-10所示为粒子间距3mm时的渲染效果。

5. 添加明线和颜色设置

（1）添加明线。在弹性内部线上需要添加单明
线，在图库窗口的【Hardware and Trims】下的
【Topstitch】文件夹中选择一款单明线线迹并拖拽到
物体窗口的明线选项卡下，在对应的【属性编辑器】
中设置该明线的间距为0，线的粗细为100Tex，根
据设计需要设置颜色等属性。在2D窗口中选择【线
段明线】（ ⬛ ）工具，然后点击领子板片中的三条内

图4-1-10　花边褶皱领模拟效果

部线，为其添加明线。

（2）设置服装颜色。当前服装颜色为面料自身的灰色，如需修改颜色，可以在物体窗口的【织物】（）选项卡下选中当前面料类型，在【属性编辑器】中将【默认】→【纹理】→【冲淡颜色】勾选，然后设置下方的【颜色】。花边褶皱领的最终渲染效果如图4-1-11所示。

图4-1-11 花边褶皱领的最终渲染效果

二 扎结领

（一）女士基础短袖衬衫的准备

1. 扎结领款式图

该款扎结领是在女士短袖衬衫的基础上进行的领子变化设计，领子为长飘带系带设计，领口是V形领设计，明门襟5粒扣，面料采用无弹性的真丝雪纺材质。此款式适合春夏外穿或内搭，具有休闲、简约的职业装特点。款式如图4-1-12所示。

2. 基础衬衫项目文件准备

CLO 3D系统的模块库中提供了常规款式的三维女士衬衫。如图4-1-13所示，在软件最左侧找到并打开【模块库】，在模块库中打开【Woman】→【Shirts】→【Short】，依次选择明门襟前衣身模块、后衣身模块和袖子模块并双击加载到3D窗口中，如图4-1-14所示。

扫一扫看操作视频

图4-1-12 扎结领款式图

图4-1-13 打开CLO 3D 模块库

图4-1-14 选择女士短袖衬衫模块

（二）衣身设置

1. 设置衣身面料材质

根据款式需要，将衣身面料材质设置为真丝雪纺面料。在【图库窗口】中双击打开【Fabric】，选择【Silk_Chiffon】真丝雪纺面料，应用到所有衣身板片上。由于此面料默认为透明属性，因此需要在【属性编辑器】中将【透明度】改为100的不透明状态。

2. 调整领口

将领口修改为V形领口，同时开

宽领口。在2D窗口中，用鼠标左键长按【编辑板片】（ ✏ ）工具，在弹出的工具栏中选择【加点/分线】（ ● ）工具，然后在衬衫板片的后片和前片肩线上靠近侧颈点20mm的位置加点，在前门襟搭门线上靠近前颈点80mm的位置加点。使用【内部多边形/线】（ ▣ ）工具，以加的点为起始点和结束点绘制新的前、后领弧线。注意绘制内部线时按住【Ctrl】键可以绘制弧线，双击鼠标左键结束绘制，如图4-1-15所示。

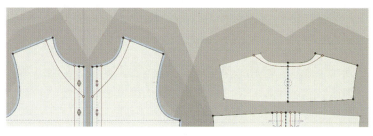

图4-1-15　绘制V形领弧线

3. 剪切领弧线

使用【编辑板片】工具选中前、后片的V形领弧线，同时点击鼠标右键，选择【切断】，如图4-1-16所示。切掉的部分按键盘的【Delete】键删除，如图4-1-17所示。

图4-1-16　使用【切断】功能

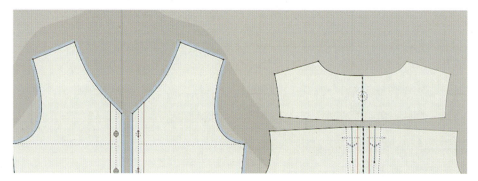

图4-1-17　剪切出V形领口

（三）扎结领飘带创建与模拟

1. 绘制扎结领飘带板片

扎结领的板片是长条形且两端加宽的飘带。创建该板片时，使用2D窗口的【多边形】【 ▣ 】工具在2D窗口工作区中绘制长度约650mm、后中宽度30mm的领子板片，如图4-1-18所示。然后使用【编辑板片】（ ✏ ）工具选中领子后中线，点击鼠标右键选择【对称展开编辑（缝纫线）】，即可得到如图4-1-19所示的完整领子板片。

图4-1-18　对称展开扎结领板片

图4-1-19　完整领子板片

2. 绱领子

将领子与衣身领弧线缝合，其中后领弧线是完全缝合，前领弧线缝合约90mm，因此需要使用【加点/分线】工具通过加点的方式在前领弧线上标记出90mm的位置，即如图4-1-20中的D点和G点。标记位置后，长按2D窗口的【自由缝纫】（▦）工具，在弹出的伸缩工具栏中点击【M∶N自由缝纫】（▦）工具。缝合时，要先缝衣身领弧线再缝领子的下边线。如图4-1-20所示，首先，依次点击图中的A、B、C、D点，按【回车】键，然后依次点击O、M点，按【回车】键，结束缝合。接着，依次点击图中的A、E、F、G点，按【回车】键，然

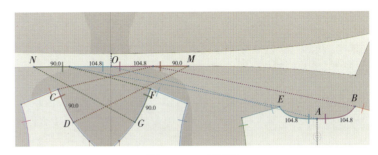

图4-1-20　绱领子

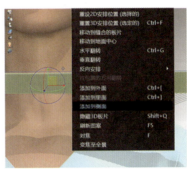

图4-1-21　扎结领板片的安排

后依次点击O、N点，按【回车】键结束缝合，至此完成领子与衣身的缝合。

3. 领子的模拟

2D窗口中选中除领子之外的全部板片，在3D窗口中，鼠标放置于被选中的任一个衣身板片上，点击右键，选择【冷冻】功能将衣身冷冻。接着，选中领子板片，点击右键选择【添加到侧面】功能，使领子贴合到衣身领弧线上，如图4-1-21所示。最后，打开【模拟】按钮进行领子的模拟，模拟效果如图4-1-22所示。

（四）扎结领系蝴蝶结造型

1. 绘制内部线

图4-1-22　扎结领飘带模拟效果

扎结领的蝴蝶结造型是通过缝合内部线实现的。在2D窗口中，使用【内部多边形/线】工具在领子板片上距离领后中线250mm的位置绘制垂直于领下边线的内部线且与上、下领边线相交。将领子板片上的两条内部线缝合，模拟后如图4-1-23所示。

继续使用【内部多边形/线】工具在距离领子后中420mm的位置绘制垂直内部线且与领子上、下

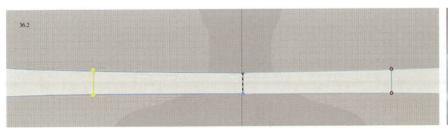

图4-1-23　领子初步缝合的效果

边线相交，如图4-1-24所示。使用【线缝纫】工具将此内部线与前面绘制的内部线缝合并模拟，运用固定针将蝴蝶结造型固定，得到如图4-1-25所示的效果。

2. 制作打结效果

在3D窗口中，选中除领子以外的全部板片，鼠标右键选择【隐藏3D板片】。在2D窗口中，使用【矩形】（）工具创建宽度20mm、高度140mm的长方形，将该长方形的上下边线缝合，并将其粒子间距设置为10mm。接着使用【内部多边形/线】（）工具在长方形内部距离上下边线54mm处绘制两条内部线，如图4-1-26所示。在3D窗口中，将长方形板片移动到蝴蝶结位置，使用【折叠安排】（）工具将长方形板片的两条内部线向内折叠，形成如图4-1-27所示的效果。

图4-1-24　绘制内部线

图4-1-25　内部线模拟效果

完成折叠操作后，打开【模拟】进行打结板片的模拟，模拟稳定后，降低板片的粒子间距到5mm、删除板片的两条折叠内部线并逐渐减小该板片的长度到85mm左右，使得打结部分更加紧实，达到如图4-1-28所示的状态。

图4-1-26　绘制打结长方形板片

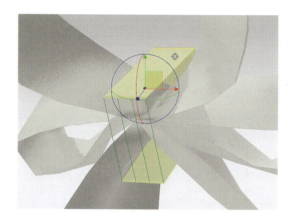
图4-1-27　折叠板片

3. 扎结领细节处理

点击【Shift+W】键将全部衣片显示，解冻冷冻的衣片。将衣身板片

图4-1-28　扎结领的打结效果

的粒子间距调整到10mm，领子板片的粒子间距调整到5mm，删除领子上的固定针，打开【模拟】，使用鼠标调整蝴蝶结的造型。为领子和衣身添加合适的明线，并设置衣身面料的纹理和颜色。

4. 渲染

在主菜单栏中打开【渲染】→【渲染】，打开渲染界面，点击【同步渲染】（）按钮查看3D窗口与渲染窗口并确定渲染视角。确定视角后点击【最终渲染】（）按钮，等待渲染进度完成即可得到渲染图片，如图4-1-29所示。

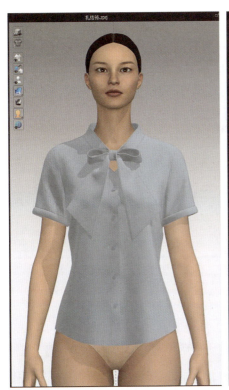

图4-1-29 扎结领短袖衬衫的渲染

第二节 袖子设计

一 花瓣袖

（一）基础T恤准备

1. 花瓣袖T恤款式图

该款花瓣袖是在短袖T恤的基础上进行的变化设计，袖子由两个花瓣重叠包裹上臂，袖口设木耳造型花边，整体呈现俏皮活泼的风格，款式如图4-2-1所示。

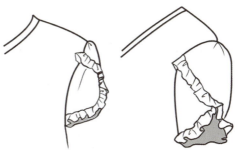

扫一扫
看操作视频

图4-2-1 花瓣袖款式图

2. 基础T恤项目文件准备

在软件左侧的【图库窗口】中打开【Garment】，将【Female_T-shirt.zprj】项目文件拖拽到3D窗口，选择打开合适的虚拟模特，并点击【模拟】（↓）进行试穿。

（二）袖子板片调整

1. 板片切展

对袖子板片进行切展，实现肩点附近的袖山呈现微泡泡袖造型。通过2D窗口中的【延展板片（点）】

（■）工具可以实现板片的切展。使用该工具先点击不需要延展的袖口线中点，再点击需要延展的袖山弧线顶点，出现一条灰色箭头线，然后鼠标点击袖子右半部分板片，移动鼠标进行袖片的延展。最后将袖山弧线和袖口线不圆顺的点转化为自由曲线点，使用【编辑曲线点】工具将不圆顺的曲线点删除，修正袖山弧线和袖口线，如图4-2-2所示。

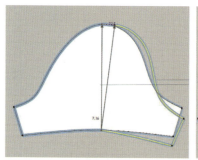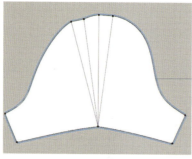

图4-2-2　袖片切展

2. 花瓣袖板片分割设计

以右袖片为例，首先复制一份右袖片粘贴到空白位置。使用【内部多边形/线】（■）工具，绘制出花瓣袖的分割线，如图4-2-3所示。然后使用【编辑板片】工具右键点击绘制的分割线，选择【切断】选项。最后，删除分割后多余的部分，并将其余袖片移动到2D窗口虚拟模特剪影的相应位置，放置于前、后片之间。

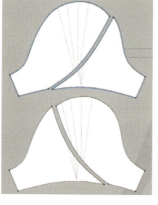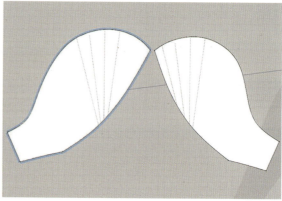

图4-2-3　花瓣袖板片分割设计

3. 缝合袖片

（1）缝合袖缝线。使用【编辑缝纫线】工具删除原有的袖山弧线缝线，然后使用【线缝纫】工具缝合袖侧缝。

（2）绱袖子。在缝合袖山弧线时，为了呈现肩点附近的微泡泡造型，袖山顶点附近的袖山弧线要进行缩缝，其余袖山弧线与袖窿弧线等长缝合，如图4-2-4所示。

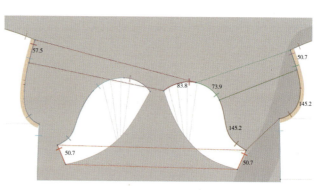

图4-2-4　绱袖子

（3）模拟花瓣袖。打开虚拟模特安排点，将袖片安排到手臂相应位置，最后点击【模拟】按钮进行试穿。将袖片的粒子间距降低到5mm左右，使得袖子的褶皱更加自然、真实，并在模拟状态下调整袖子造型，以达到美观的效果，如图4-2-5所示。

4. 制作袖口木耳花边

（1）测量袖口弧线长度。裸露在外部的袖口弧线需要添加木耳花边，如图4-2-6所示的位置。在3D窗口点击两个袖片交叉位置，在2D窗口蓝色标记点位置使用【加点/分线】工具添加断点，从而可以使用【编辑板片】工具选中裸露在外部的袖口弧线，即图4-2-6右图中绿色标记线段，在【属性编辑器】中查看3D线段长度，设裸露在外部的袖口弧线长度为L。

（2）创建木耳花边2D板片。木耳花边2D板片为长条形矩形板片，是使用2D窗口的【矩形】工具创建的木耳花边板片。为达到木耳花边丰富的褶皱造型，其矩形板片的长度应为预期缝合的袖口弧线长度的2倍，因此矩形板片的长度为2L，宽度根据需要设计为20mm，如图4-2-7所示。

（3）缝合模拟木耳花边。使用【自由缝纫】工具将木耳花边的长边与花瓣袖的袖口弧线缝合。模拟时，要先冷冻花瓣袖，再打开【模拟】按钮，模拟稳定后，将木耳花边板片的粒子间距调整为3mm，再次模拟，使得花边造型美观，褶皱精细。通过2D窗口选中全部右袖板片，用鼠标右键点击【克隆连动板片】中的【对称板片（板片和缝纫线）】得到左袖。

5. 花瓣袖渲染

可根据设计需要设置面料颜色和纹样，花瓣袖的最终渲染效果如图4-2-8所示。

图4-2-5　模拟花瓣袖

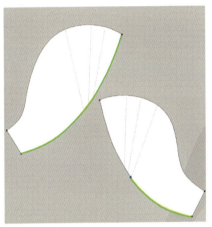

图4-2-6　测量袖口弧线长度

图4-2-7　创建木耳花边2D板片

图4-2-8　花瓣袖渲染效果

二 风琴褶袖

（一）基础T恤准备

1. 风琴褶袖上衣款式图

该款风琴褶袖是在短袖T恤的基础上进行的长款袖子变化设计，在袖口处是饱满的灯笼袖造型，在肘关节附近设计纵向的风琴褶造型，整体凸显了甜美、活泼的风格。款式如图4-2-9所示。

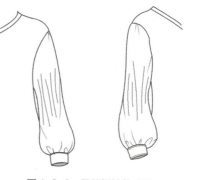

扫一扫
看操作视频

图4-2-9 风琴褶袖款式图

2. 基础T恤项目文件准备

在软件左侧的【图库窗口】中打开【Garment】，将【Female_T-shirt.zprj】项目文件拖拽到3D窗口，选择打开合适的虚拟模特并调整模特身高到160cm、胸围84cm，点击【模拟】（▼）进行试穿。

（二）袖子板片调整

1. 延展袖片

对袖子的袖摆线进行调整。以右袖片为例，长按2D窗口工具栏中的【延展板片（点）】（◣）工具，在弹出的选项中选择【延展板片（线）】（◣）工具。使用该工具点击右袖片袖山弧线的左端点，沿着袖山弧线方向移动鼠标，点击袖山弧线右端点，接着鼠标点击袖口弧线的左端点，沿着袖口弧线方向移动鼠标，最后点击袖口弧线右端点，此时弹出【延展板片】对话框。在对话框中设置【方向】为【全部】，设置【线段2的长度】为400mm，点击确定，得到延展后的袖片，如图4-2-10所示。

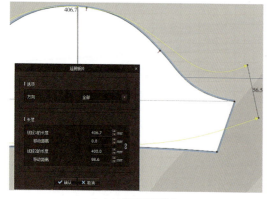

（a）袖摆线延展操作

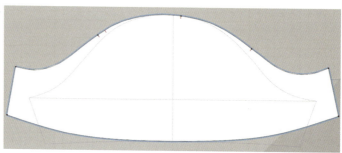

（b）袖摆线延展效果

图4-2-10 延展袖子板片

2. 延长袖侧缝线

目标款式为长袖设计，需要将短袖板片调整为长袖。方法是使用【编辑板片】（◢）工具，点击并长按袖侧缝线下端点，同时按住【Ctrl】键，沿着袖侧缝线方向的虚线定位线移动鼠标，如图4-2-11所示。在移动鼠标过程中快速切换至点击鼠标右键，会弹出【移动距离】对话框，在对话框中选择袖侧缝线所对应的线段，并设置【长度】

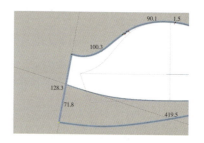

图4-2-11 编辑板片点的位置

为400mm，点击确定即可延长袖侧缝线长度到400mm，以同样方法设置另一条袖侧缝线，最终得到长袖板片，如图4-2-12所示。

（a）袖侧缝线延长操作　　　　（b）袖侧缝线延长效果

图4-2-12　延长袖侧缝线

3. 绘制并缝合袖克夫

在2D窗口中，长按【多边形】工具，在弹出的下拉工具栏中点击【矩形】工具，接着在2D窗口空白工作区中点击鼠标左键，弹出【制作矩形】对话框，输入袖克夫的宽度为200mm、高度为40mm，点击确定，从而创建了袖克夫矩形板片。继续使用【线缝纫】工具，缝合袖口侧缝，缝合袖克夫与袖口线，如图4-2-13所示。

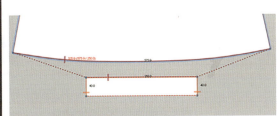

图4-2-13　绘制和缝合袖克夫

（三）设置风琴褶袖子内部线

1. 绘制内部线

风琴褶的造型需要大量规律排列的内部线，为快速绘制内部线，可以使用生成内部线功能。如图4-2-14所示，按住【Shift】键的同时用鼠标左键依次点击两条袖侧缝线，松开【Shift】键，把鼠标放置于选中的袖侧缝线上，点击鼠标右键，选择【在线段之间生成内部线段】，弹出对话框。在对话框中输入【扩张数量】为40、【间距】为10mm、【从外线开始的距离】为10mm，点击确定，从而均匀地生成纵向的内部线段，如图4-2-15所示。

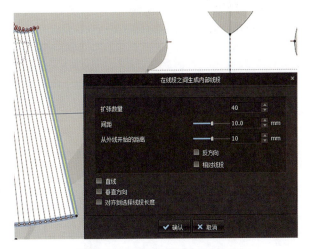

图4-2-14　绘制板片上的内部线　　　　图4-2-15　设置内部线数量和间距

2. 调整纵向内部线长度

根据款式图，袖子的风琴褶主要分布于肘关节附近区域，因此需要对当前内部线的长度进行调整。如图4-2-16所示，在袖子板片上绘制两条横向内部线并与两条侧缝线相交，两条横向内部线之间的区域就是风琴褶分布的区域。使用【调整板片】（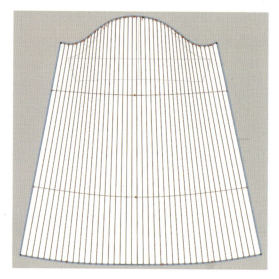）工具，双击全选所有纵向内部线，然后点击鼠标右键，选择【对齐】→【到内部线】，最后删除横向内部线，如图4-2-17所示。

3. 设置内部线折叠角度

风琴褶造型的折叠方式类似于瓦楞纸造型，从横截面看呈"W"形，因此在制作虚拟造型时需要间隔交替设置内部线折叠角度为0°和360°。使用【编辑板片】工具，按住【Shift】键，间隔点选内部线，在【属性编辑器】中，将【折叠角度】设置为0°，如图4-2-18所示。接着选择剩余的间隔内部线，设置其【折叠角度】为360°，如图4-2-19所示。

图4-2-16 绘制横向内部线

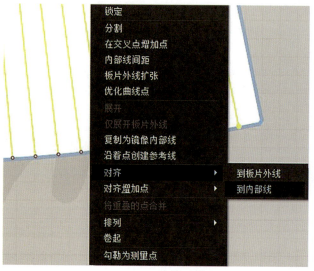

（a）对齐到横向内部线操作

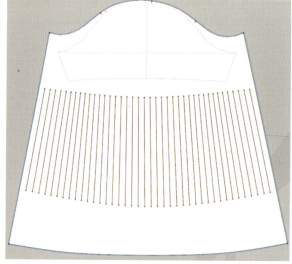

（b）纵向内部线最终效果

图4-2-17 将纵向内部线对齐到横向内部线

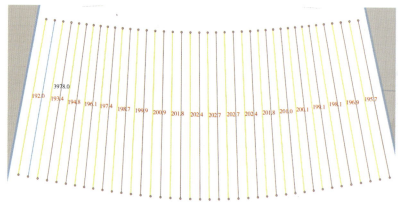

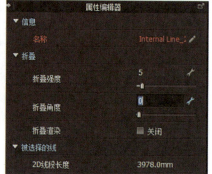

图4-2-18 设置内部线折叠角度为0°

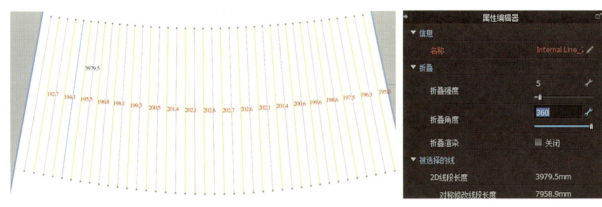

图4-2-19　设置内部线折叠角度为360°

（四）模拟风琴褶袖

1. 安排板片

在3D窗口中打开安排点，点击选中右袖片，然后点击右手臂肘关节外侧的安排点，安排袖片，点击袖克夫，点击右手腕外侧的安排点，如图4-2-20所示。

2. 模拟

点击袖克夫，右键选择【硬化】，点击【模拟】（■）按钮进行袖子的模拟，模拟稳定后，选中袖片和袖克夫，点击鼠标右键，选择【对称板片（板片和缝纫线）】，得到左袖片，并将左袖片移动包裹到左手臂上，点击【模拟】完成两个袖子的模拟。最后设置面料材质、色彩纹理和模特的姿势。需要注意的是板片粒子间距的取值决定了袖子风琴褶的模拟效果，因此有必要将袖子板片的粒子间距设置为5~8mm。如图4-2-21所示为风琴褶袖的模拟效果。

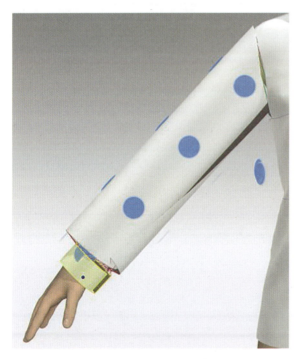

图4-2-20　安排袖子和袖克夫　　　　　图4-2-21　风琴褶袖模拟效果

3. 风琴褶袖渲染

点击主菜单【渲染】→【渲染】进入渲染界面，风琴褶袖上衣的最终渲染效果如图4-2-22所示。

图4-2-22 风琴褶袖渲染效果

小结

　　本章介绍了服装领子和袖子款式的三维数字化创新设计，主要包括由基础款领、袖到花边褶皱领、扎结领、花瓣袖、风琴褶袖的变化方法。读者应重点掌握板片绘制工具、板片切展工具的使用方法，训练熟练应用各类工具实现从设计灵感到三维可视化展现的能力。

　　也许虚拟缝合和模拟试穿并不是一件困难的事情，但是制作出真假难辨的高仿真虚拟服装仍需要设计者们的不断尝试和经验积累。服装面料材质的选择、粒子间距的设置（尤其是褶皱效果制作）、面料褶皱形态的调整等对于虚拟服装的仿真效果都是至关重要的。

思考题

1. 根据本章的内容，思考荷叶边领、喇叭袖、灯笼袖的三维数字化设计方法。
2. 在第三章完成的虚拟服装作品基础上，对领子和袖子进行变化设计。

第五章
虚拟服装及环境渲染

产教融合教程：虚拟服装设计与展示陈列

课题内容：

1. 渲染场景搭建

2. 动态展示

课题时间： 4 课时

教学目标：

1. 掌握渲染场景搭建的方法

2. 掌握动态走秀视频录制与导出

教学重点： 掌握如何搭建渲染场景以及动态走秀的录制与导出

教学方法： 线上线下混合教学

教学资源： 视频

第一节 渲染场景搭建

渲染场景可以更形象地呈现虚拟服装的陈列效果。在CLO系统中，渲染场景可以通过导入或者搭建的方式实现。本节主要介绍如何在CLO系统中搭建场景。

一 场景搭建

CLO系统中所搭建的场景，是由板片绘制并调整属性而成的。

（1）在CLO系统中导入一个已经做好的项目文件，如图5-1-1所示，选中虚拟模特，单击鼠标左键，选择【反激活虚拟模特】，将板片文件和虚拟模特进行失效处理可以防止影响软件运行速度，方便后续绘制场景操作。

扫一扫
看操作视频

图5-1-1 对板片文件和虚拟模特进行失效处理

（2）绘制地板。使用2D工具栏中的【矩形】（▣）工具，绘制一个7500mm×5400mm的矩形，作为场景的地面。在3D窗口中，按住【Shift】键，旋转坐标轴将板片放平，并拖动坐标轴，将其移动到地面位置，如图5-1-2所示。将板片粒子间距修改为100mm，防止板片太大影响软件运行速度。

（3）制作墙面。使用【调整板片】（◣）工具将地面板片进行复制粘贴，生成墙面板片，使用定位球工具，将墙面板片旋转至呈竖直状态，如图5-1-3所示。

（4）修改属性。选中地面板片，在【属性编辑器】中，将模拟属性中的【增加厚度-渲染】增加到50mm。在【被选择的线】下

图5-1-2 将板片移动到地面　　　图5-1-3 墙面板片制作

拉列表中，将边缘弯曲率的值调小或者调整为0，地面板片的边缘将呈现直角的状态，如图5-1-4（a）所示为边缘弯曲率100的效果，图5-1-4（b）所示为边缘弯曲率0的效果。墙面板片采用与地面板片相同的操作方法，调整渲染厚度与弯曲率。

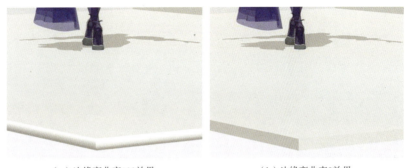

（a）边缘弯曲率100效果　　　　　　（b）边缘弯曲率0效果

图5-1-4　边缘弯曲率的不同效果

（5）墙面效果设计。复制两块墙面，将三块墙面摆放在需要的位置，如图5-1-5（a）所示。然后进行墙面细节制作，使用【内部圆】（▣）工具分别在前面两块墙面绘制内部线，制作拱门效果，如图5-1-5（b）所示。使用【调整板片】（◤）工具，选中两块墙面上的内部图形，单击鼠标右键，选择【转换为洞】，制作出镂空的拱门效果，如图5-1-5（c）所示。

使用【编辑板片】（◪）工具，选中两块板片的内部线，单击鼠标右键，在弹出的对话框中选择【内部线间距】，制作一条间距为150mm的内部线，如图5-1-5（d）所示；再次使用【编辑板片】（◪）工具，选中绘制好的内部线单击鼠标右键，在弹出的对话框中选择【剪切＆缝纫】，并使剪切好的部分渲染厚度稍大于墙面渲染厚度，重新应用面料并更换颜色，如图5-1-5（e）所示。

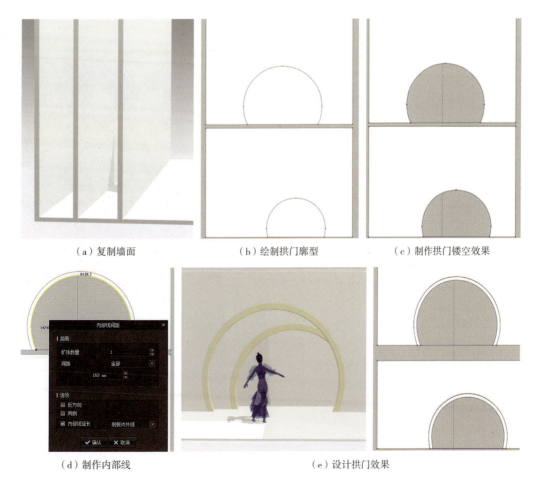

（a）复制墙面　　　　　　（b）绘制拱门廓型　　　　　　（c）制作拱门镂空效果

（d）制作内部线　　　　　　　　　　（e）设计拱门效果

图5-1-5　墙面设计

（6）窗帘效果制作。在第二块墙面背面，可以增加窗帘，使背景效果更丰富。使用2D工具栏中的【矩形】（▨）工具，绘制1500mm×3000mm的矩形，作为窗帘板片，在第二块墙面上绘制与窗帘宽度一致的内部线，将窗帘板片缝合在墙面上，如图5-1-6所示。

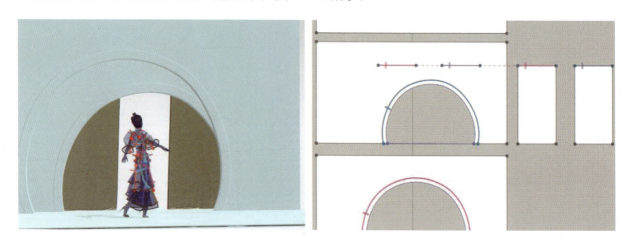

图5-1-6　窗帘板片制作与缝合

然后，对窗帘板片进行褶裥制作。如图5-1-7（a）所示，使用【加点】（✦）工具，根据效果在窗帘上边缘与下边缘分别加点；然后使用【褶裥】（▥）工具，依次单击上边缘点和下边缘点，出现一条向下的箭头，如图5-1-7（b）所示；在弹出的【褶裥】对话框中，根据需要的效果修改数据，如图5-1-7（c）所示，此处加点距离边缘点100mm，选择风琴褶裥，数量为14，宽度为100mm，完成后单击模拟。

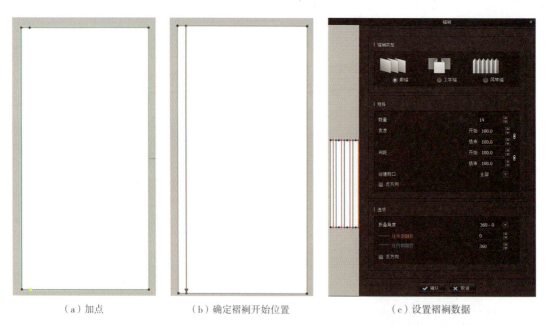

（a）加点　　　　　　　（b）确定褶裥开始位置　　　　　（c）设置褶裥数据

图5-1-7　窗帘褶裥制作

当风琴褶裥模拟稳定后，使用3D工具栏中的【固定针（箱体）】（▨）工具，在窗帘板片上边缘处双击，增加一排固定针，并将穿透在墙体内部的窗帘板片使用【坐标轴】工具移动到墙体后面。然后删除第二块墙面上与窗帘缝合的内部线，再次模拟，如图5-1-8所示。

（7）摆台制作。使用2D工具栏中【圆形】（●）工具，绘制一个半径为1000mm的圆和一个半径为

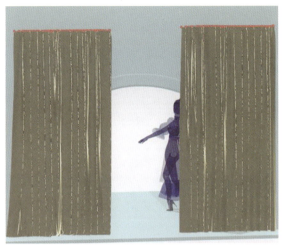

图5-1-8　窗帘模拟效果

700mm的圆，并将板片的粒子间距调整为100mm，【增加厚度－渲染】调整为200mm，【弯曲率】调整为0，根据效果需要，将摆台移动到合适的位置。

（8）将制作好的舞台导出为OBJ格式。舞台由板片搭建而成，为了避免模拟时舞台"坍塌"，可以在舞台制作完成后，将舞台导出为OBJ文件，如图5-1-9所示。再次导入该OBJ文件，注意导入时对象类型选择【附件】，如图5-1-10所示。此时，舞台就以附件的形式导入系统，不能再进行造型编辑。

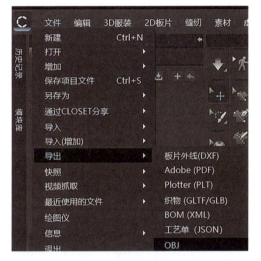

图5-1-9　舞台导出为OBJ格式

图5-1-10　导入OBJ格式的舞台

（9）移动虚拟模特与服装到合适的位置。再次导入虚拟模特与服装的项目，选中虚拟模特，单击鼠标右键，在弹出的对话框中选择激活虚拟模特，在2D窗口，框选服装，单击鼠标右键，选择【激活虚拟模特】，将虚拟模特与服装激活。在3D窗口，将显示形式切换为X-Ray结合处，移动虚拟模特到摆台上方合适位置，然后再次框选服装，使用定位球工具将服装移动到模特身上，最终效果如图5-1-11所示。

图5-1-11　场景应用

二 \ 场景渲染

根据搭建场景的属性，为场景设置面料纹理与材质类型。使用Photoshop软件制作墙面纹理，并导入CLO系统中进行运用，将墙体材质设置为亚光，然后根据设计效果，依次设置窗帘、摆台等的效果，设置完成后，单击【渲染】，对目前的效果进行预览，如图5-1-12所示，为目前制作的效果。

图5-1-12　场景渲染效果

第二节　动态展示

静态服装制作完成后，有时需要将服装进行动态展示，动态展示会使虚拟服装的展示效果更为全面、逼真。

扫一扫
看操作视频

一 \ 录制动态展示动画

（一）舞台场景导入

CLO系统中提供了4种样式的舞台，在图库窗口双击舞台文件夹，下方会出现系统自带舞台效果，根据自己的需要选择舞台，双击舞台文件，如图5-2-1所示，在弹出的【打开项目文件】对话框中选择加载类型为【增加】，然后单击【确认】，加载舞台。

图5-2-1　打开舞台文件

（二）走秀动态导入

在图库窗口中，双击模特文件夹，在所选择的模特类别下，双击打开【走秀动作】文件夹，CLO系统中自带了多个男女模特的T台动作文件，用户可以根据自己的需要进行选择。双击选择的走秀动作，如图5-2-2所示，在弹出的【打开动作】文件中，选择【将服装和虚拟模特移动到动作开始的位置】，并且设置转换成动作的第一个姿势的帧每秒数值，此数值是指每秒钟播放的画面数，每秒钟帧数越多，所显示的动作就会越流畅。然后单击【确认】加载动作文件。

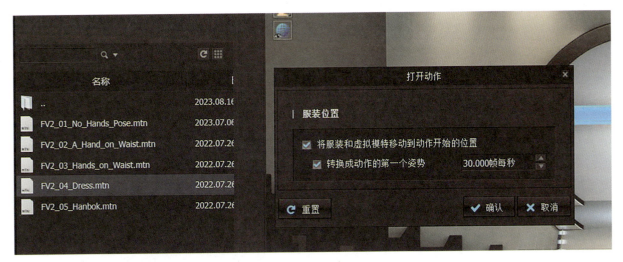

图5-2-2　打开动作文件

（三）走秀动画录制

（1）单击系统界面右上角的下拉按钮，将【模拟】（ ⋁ 模拟 ）切换为【动画】（ 🎬 动画 ），在弹出的提示对话框中，单击确认或直接关掉，完成模式下的服装效果更为逼真，但会影响软件运行速度。

（2）进入录制界面后，单击【打开】（ ▶ ）按钮，预览走秀动画效果，暂停之后需要将进度针调至最开始的0位置。

（3）选定好某一个走秀动画之后，单击【录制】（ ⏺ ）按钮，服装和虚拟模特会同步开始走秀，如图5-2-3所示，可以看到当前帧和结束帧。如果录制过程中需要暂停，再次点击【录制】按钮就可以将录制暂停。录制过程需要的时间较长。

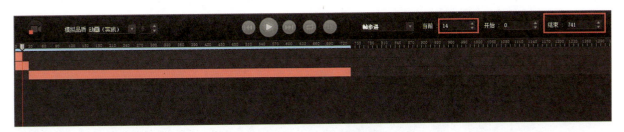

图5-2-3　走秀录制过程进度

（4）录制完成之后，可以查看走秀的全过程，在下方将【帧步进】改为【实时】，然后点击播放，就可以看到走秀的状态。

二 动态展示动画编辑与输出

（一）动画编辑

使用动画窗口下的【动画编辑器】，可以对录制的动画进行编辑，如图5-2-4所示。

（1）时间轴。在【动画编辑器】中，录制动画有3条时间轴，第一条是控制服装动作的时间轴，第二条是控制模特过渡动作的时间轴，第三条是控制虚拟模特动作的时间轴。

（2）播放区域。红色的时间轴上方的蓝色栏是控制播放的轴，蓝色栏的两端可以按住鼠标进行移动来选择播放区域。在保存视频时，可以只保存选择好的区域导出。

（3）删除动画。如果需要删除已经录制好的动画，可以用鼠标左键单击要删除的红色时间轴，然后再次单击鼠标右键，在弹出的对话框中选择【删除】选项。删除动画的操作是无法撤销恢复的。

（二）动画输出

（1）保存动画。在菜单栏中选择【文件】→【另存为】→【项目】，如图5-2-5所示。可以将动画和服装一起保存为（*zprj）项目文件。再次打开时，选择【动画】模式，可以调出保存好的动画。

图5-2-4 动画编辑器

图5-2-5 保存动画文件

（2）动画导出。在菜单栏中选择【文件】→【视频抓取】→【视频】，如图5-2-6所示，在弹出的【3D服装旋转录像】对话框中，如图5-2-7左侧所示，在【视频尺寸】栏，可以设定视频的尺寸与方向，设定好后点击开始录制，就可以将这个走秀的视频动画录制下来。单击【录制】（■）图标后，如图5-2-7右侧所示，弹出【录制时间】的对话框，对话框中将显示录制的时间值。录制完成后，单击结

图5-2-6 动画导出

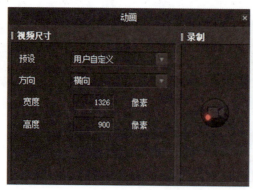

图5-2-7 3D服装旋转录像

束（■）图标，弹出【3D服装旋转录
像】对话框，如图5-2-8所示，单击开
始【■】，可以预览录制效果，预览完成
后，单击【保存】（■保存），可以将走秀
动画保存为（*.mp4）格式。

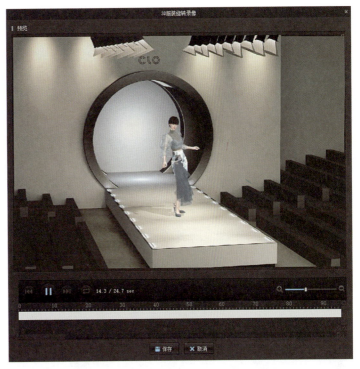

图5-2-8　预览与保存3D服装旋转录像

小结

　　本章介绍了渲染环境的搭建与虚拟走秀动画的制作方法。读者需灵活运用粒子间距、增加厚度－渲染、边缘弯曲率等属性编辑栏的设置项，从而搭建需要的舞台背景；通过【动画】模式进行虚拟走秀录制，并运用【时间轴】【播放区域】【删除动画】等进行动画编辑。

思考题

　　1. 根据所学知识，自主设计并搭建虚拟舞台。

　　2. 导入走秀舞台并录制虚拟走秀视频。

　　3. 使用时间轴、播放区域等进行动画的编辑。

参考文献

[1]马蓉蓉.结合形变模型的三维人体建模方法研究[D].西安：陕西科技大学，2022.

[2]刘伟伟.基于人工蜂群点云配准的人体静态建模[D].北京：北方工业大学，2021.

[3]马晨杰.基于CLO 3D软件的定制服装设计与制作[D].北京：北京服装学院，2020.

[4]蒋陈缘.基于红外毫米波非接触式人体维度测量的研究[D].成都：电子科技大学，2020.

[5]董航.基于三维测量的服装数字化建模与立体剪裁技术研究[D].大连：大连工业大学，2020.

[6]于茜子.数字虚拟化时代下的服装设计创新与发展思路研究[J].服装设计师，2022（11）：105-110.

[7]成真，潘海音，徐滋悦，等.基于CLO 3D的针织卫衣虚拟制作与创新设计[J].天津纺织科技，2022（2）：28-32.

[8]李曙光.虚拟服装的生产流程与设计研究[J].通化师范学院学报，2019，40（10）：48-50，55.

[9]黄蓉.基于图像的三维人体建模及模型的动画展示方法研究[D].成都：电子科技大学，2018.

[10]孟田翠.基于人体测量学的虚拟服装建模及试衣技术研究[D].南京：东南大学，2018.

[11]张文斌.服装结构设计[M].2版.北京：中国纺织出版社有限公司，2021.

[12]高桥瞳.洋裁大百科[M].张锦兰，译.北京：光明日报出版社，2014.

[13]中屋典子，三吉满智子.服装造型学：技术篇Ⅱ[M].刘美华，孙兆全，译.北京：中国纺织出版社，2004.

[14]王舒.3D服装设计与应用[M].北京：中国纺织出版社，2019.

[15]郭瑞良，姜延，马凯.服装三维数字化应用[M].上海：东华大学出版社，2020.

[16]张文斌.典型领型198[M].北京：中国纺织出版社，2000.

[17]张文斌.典型袖型178[M].北京：中国纺织出版社，2000.

[18]贾东文.服装结构设计原理与样板[M].北京：中国纺织出版社有限公司，2021.

附录　学生作品赏析

　　当学生们掌握了虚拟服装设计的基本理论和技能后，他们创作了许多精彩的作品，下面的一些学生作品，请赏析（附图1~附图9）。

附图1　柳文琳同学作品

附图2　李赟同学作品

附图3　陈亚濛同学作品

附图4 张艳艳同学作品

附图5 涂梅秀同学作品

附图6　刘佳同学作品

附图7　岳飞宇同学作品

附图8　黄小芳同学作品

附图9　马若兰同学作品